Nicolas Sylvius

Recherche de gènes morbides impliqués dans la cardiomyopathie dilatée

Nicolas Sylvius

Recherche de gènes morbides impliqués dans la cardiomyopathie dilatée

Vers une reconnaissance du rôle de la génétique dans les maladies cardiaques

Presses Académiques Francophones

Impressum / Mentions légales
Bibliografische Information der Deutschen Nationalbibliothek: Die Deutsche Nationalbibliothek verzeichnet diese Publikation in der Deutschen Nationalbibliografie; detaillierte bibliografische Daten sind im Internet über http://dnb.d-nb.de abrufbar.

Information bibliographique publiée par la Deutsche Nationalbibliothek: La Deutsche Nationalbibliothek inscrit cette publication à la Deutsche Nationalbibliografie; des données bibliographiques détaillées sont disponibles sur internet à l'adresse http://dnb.d-nb.de.

Coverbild / Photo de couverture: www.ingimage.com

Verlag / Editeur:
Presses Académiques Francophones
ist ein Imprint der / est une marque déposée de
AV Akademikerverlag GmbH & Co. KG
Heinrich-Böcking-Str. 6-8, 66121 Saarbrücken, Deutschland / Allemagne
Email: info@presses-academiques.com

Herstellung: siehe letzte Seite /
Impression: voir la dernière page
ISBN: 978-3-8381-7246-0

UNIVERSITE PARIS 7- DENIS DIDEROT
UFR Lariboisière Saint Louis

Année 2002

THESE

POUR L'OBTENTION DU DIPLOME DE
DOCTEUR DE L'UNIVERSITE PARIS 7

par

Nicolas Sylvius

Présentée et soutenue le 10 décembre 2002

RECHERCHE DE GENES MORBIDES IMPLIQUES DANS LA CARDIOMYOPATHIE DILATEE

JURY

Mme Lucie Carrier	Rapporteur
Mr Patrice Bouvagnet	Rapporteur
Mme Françoise Clergé-Darpoux	Examinatrice
Mr Bernard Grandchamp-Desraux	Président
Mr Michel Komajda	Directeur de thèse

Travaux réalisés dans le laboratoire de Génétique et Insuffisance Cardiaque
Association Claude Bernard, Hôpital Pitié-Salpêtrière
47 boulevard de l'Hôpital, 75651 Paris cedex 13

Voilà une affaire de cœur qui m'a bien occupé.
Maintenant je sais que le cœur a ses raisons
que la génétique seule n'élucidera

REMERCIEMENTS

Je tiens tout particulièrement à remercier le Professeur Michel Komajda pour m'avoir accueilli dans son laboratoire dès mon année de DEA, m'avoir soutenu sans réserve, y compris matériellemement, et pour avoir, tout au long de ces années, eu confiance en moi.

Je tiens également à remercier :

Le docteur Frédérique Tesson, qui m'a enseigné la majeure partie de mes connaissances actuelles en génétique et biologie moléculaire, qui m'a soutenu mieux que quiconque dans mes efforts, qui s'est plusieurs fois engagée pour assurer ma réussite, qui enfin, a fait preuve à mon égard d'une exceptionnelle patience. Pour cela et tout le reste, je lui suis reconnaissant.

Le Docteur Philippe Charron, pour ses conseils scientifiques toujours judicieux, donnés avec sincérité et spontanéité, pour sa disponibilité sans pareil et surtout pour ses étonnantes qualités relationnelles.

Le Docteur Eric Villard, pour m'avoir, dès son arrivée dans le laboratoire, reconsidéré à ma juste valeur et m'avoir permis de conclure ce travail efficacement et dans les meilleures conditions.

Mireille Peuchmaurd pour m'avoir si bien initié aux techniques de laboratoire et pour ces années de complicité.

Remerciements également à toute l'équipe du laboratoire de Génétique et Insuffisance Cardiaque de l'Association Claude Bernard et toutes les personnes qui ont participé, de près ou de loin, à la bonne réalisation de ce travail, notamment Laetitia Duboscq-Bidot dont j'ai apprécié les réelles compétences.

Enfin, je remercie l'Association Française contre les Myopathies (AFM), et la Fondation pour la Recherche Médicale (FRM) pour leur soutien financier.

RESUME

La cardiomyopathie dilatée (CMD) est une maladie du muscle cardiaque caractérisée par une dilatation du ventricule gauche, voire des deux ventricules cardiaques et associée à une altération de la fonction contractile du cœur. Les formes familiales et monogéniques représentent environ un quart des cas de CMD idiopathique. La maladie peut apparaître de façon isolée ou être associée à d'autres troubles cardiaques et/ou musculaires. Plusieurs mutations responsables de la maladie ont, à ce jour, été identifiées dans plusieurs gènes codant des protéines du sarcomère, du cytosquelette ou de la membrane nucléaire. Cependant, pour la plupart des patients, le gène morbide reste à déterminer.

Le but de ce travail a donc été d'identifier les gènes morbides responsables de la maladie chez les patients atteints de forme familiale ou sporadique de CMD et recrutés dans le cadre de la campagne nationale de recrutement coordonnée par le Pr. Komajda. Deux stratégies de recherche complémentaires l'une de l'autre ont été suivies en parallèle.

1) Des analyses de liaison génétiques pour les familles génétiquement "informatives" .

2) Des analyses de gènes candidats pour l'ensemble des cas familiaux et sporadiques.

Un nouveau locus morbide a ainsi été identifié sur le chromosome 6q12-q16 dans une famille d'origine française atteinte d'une forme isolée de la maladie.

Par ailleurs, l'implication des gènes codant la desmine, l'actine alpha cardiaque et le delta-sarcoglycane, préalablement rapportés dans la CMD ainsi que le gène codant le bêta sarcoglycane, a été exclue dans notre population d'étude. La prévalence de ces gènes dans la cohorte de patients atteints de CMD a ensuite été estimée, soulignant ainsi l'aspect génétiquement hétérogène de cette pathologie.

Enfin, des mutations dans deux nouveaux gènes, les gènes codant la protéine ZASP et l'alpha actinine cardiaque, ont été retrouvées chez des patients atteints d'une forme sporadique.

INTRODUCTION

I. PREAMBULE

L'Organisation mondiale de la santé (OMS) définit les cardiomyopathies comme " des maladies du muscle cardiaque associées à des dysfonctions cardiaques ". Elle distingue quatre types de cardiomyopathie : la cardiomyopathie dilatée (CMD), la cardiomyopathie hypertrophique, la cardiomyopathie restrictive et la cardiomyopathie arythmogène du ventricule droit (Richardson et coll., 1996).

- La plus rare, la cardiomyopathie arythmogène du ventricule droit, appelée jadis dysplasie ventriculaire droite, se caractérise par un remplacement progressif du tissu ventriculaire droit par des amas fibreux et lipidiques.
- La cardiomyopathie restrictive est caractérisée par une limitation du remplissage et du volume diastolique. La fonction systolique et l'épaisseur des parois ventriculaires sont en général normales.
- Beaucoup plus fréquente que les deux précédentes, la cardiomyopathie hypertrophique (CMH) se manifeste par un épaississement des parois ventriculaires en particulier au niveau du septum interventriculaire et par une altération de la fonction diastolique du cœur. C'est une cause majeure de mort subite. Les formes familiales sont les plus courantes. Les formes pures relèvent de mutations dans des gènes codant des protéines de l'appareil contractile de la cellule cardiaque ou en rapport avec cet appareil : la chaîne lourde bêta de la myosine (*MYH7*), la protéine C de liaison à la myosine cardiaque (*MYBPC3*), la troponine T cardiaque (*TNNT2*), l'alpha-tropomyosine (*TPM1*) ainsi que l'actine alpha cardiaque (*ACTC*), la troponine I cardiaque (*TNNI3*), la titine (*TTN*), les chaînes régulatrices légères et essentielles de la myosine cardiaque (*MYL2* et *MYL3*) et la chaîne lourde de l'alpha-myosine (*MYH6*). Les gènes codant le canal K^+ voltage dépendant (*KCNQ4*) et la sous-unité gamma de la protéine kinase A (*PRKAG2*) sont associés respectivement à une CMH avec surdité et une CMH accompagnant un syndrome

de Wolff-Parkinson-White. Enfin, la CMH peut également être associée à des mutations mitochondriales (voir pour revue Franz et coll., 2001).

- Enfin, le quatrième type concerne la CMD qui a fait l'objet de ce travail.

II. LA CARDIOMYOPATHIE DILATEE : DESCRIPTION

A. EPIDEMIOLOGIE

Première cause de transplantation cardiaque en France et aux Etats-Unis, deuxième cause d'insuffisance cardiaque, la CMD constitue la plus fréquente des cardiomyopathies. Elle se caractérise par une dilatation importante du ventricule gauche, voire des deux ventricules cardiaques, associée à une altération de la fonction contractile du cœur. La maladie évolue généralement vers l'insuffisance cardiaque et s'accompagne d'un risque important de mort subite. Avec une incidence annuelle dans la population de 5 à 8 cas pour 100 000, une prévalence estimée à 36 cas pour 100 000 et une mortalité à 5 ans de l'ordre de 50 % (voir pour revue Dec and Fuster, 1994), cette maladie constitue un problème majeur de santé publique. L'incidence réelle de la maladie est d'ailleurs vraisemblablement plus élevée dans la mesure où ces chiffres ne tiennent pas compte des cas asymptomatiques. Aux Etats-Unis, on compte chaque année 10.000 décès et 46.000 hospitalisations liés à cette maladie.

Les personnes atteintes peuvent rester longtemps asymptomatiques. En effet, la progression de la maladie, dont la principale manifestation est une insuffisance cardiaque gauche, peut être silencieuse. Les premiers symptômes sont une dyspnée d'effort (présente chez 86 % des patients), des palpitations (présentes chez 30 % des patients, en général à cause d'une arythmie) et des œdèmes périphériques témoignant d'une insuffisance cardiaque droite (29 % des patients). L'insuffisance cardiaque droite est d'ailleurs associée à un mauvais pronostic. Enfin, des douleurs thoraciques sont également parfois présentes (voir pour revue Dec and Fuster, 1994).

B. ANATOMOPATHOLOGIE

Sur le plan anatomique, on retrouve un élargissement des ventricules notamment du ventricule gauche. On observe une augmentation du poids du cœur parfois considérable mais contrairement à la CMH, il n'y a, en général, pas d'augmentation de l'épaisseur des parois ventriculaires. Un thrombus au niveau du ventricule gauche ou de l'oreillette gauche peut également s'observer. Valves et artères coronaires sont normales.

L'examen histologique montre une fibrose interstitielle diffuse, une dégénérescence des myocytes, ainsi que des plages d'infiltrats inflammatoires. On ne retrouve en général pas de perturbation de l'organisation myocytaire (myocardial disarray) telle qu'on peut l'observer dans la CMH.

C. TRAITEMENT

Le traitement de la CMD n'est pas spécifique de la maladie mais correspond à celui de l'insuffisance cardiaque d'une façon générale. Digitaliques, diurétiques font partie de l'arsenal thérapeutique traditionnel. A ce traitement conventionnel se sont ajoutés, depuis une vingtaine d'années environ, les inhibiteurs de l'enzyme de conversion de l'angiotensine (IEC) et plus récemment les bêta bloquants. La transplantation cardiaque reste néanmoins l'unique traitement curatif (voir pour revue Charron et coll., 1998).

L'enzyme de conversion de l'angiotensine I catalyse la conversion de l'angiotensine I en angiotensine II. Cette dernière possède des effets vasoconstricteurs et agit sur le métabolisme du collagène au niveau des fibroblastes cardiaques augmentant ainsi la fibrose cardiaque, ce qui dans l'insuffisance cardiaque est délétère.

L'utilisation des IEC dans l'insuffisance cardiaque a permis une réduction significative, non seulement de la mortalité de l'ordre de 20 à 30 % mais également de la morbidité (études Consensus 1, SOLVD et Vheft II) (1991; 1987; Pfeffer et coll., 1992). Dans la CMD, ils constituent pour le patient symptomatique le traitement de choix tandis que pour le patient asymptomatique, ils permettent un ralentissement de la progression de la maladie (étude SOLVD (1992)).

Les bêtabloquants figurent également au tableau des médicaments qui apparaissent bénéfiques sur la mortalité, sur les risques de mort subite ainsi que sur le taux d'hospitalisations liées à des poussées d'insuffisance cardiaque.
Enfin, s'agissant de la transplantation cardiaque, celle-ci s'adresse à des personnes jeunes (moins de 60 ans) présentant une insuffisance cardiaque sévère et réfractaire aux traitements médicamenteux. La survie est alors de l'ordre de 70 % à 5 ans. A noter que le patient en attente de transplantation peut également bénéficier d'une assistance circulatoire (voir pour revue Charron et coll., 1998).
Néanmoins, le taux de mortalité de la CMD reste encore élevé : de l'ordre de 25 à 30 % à un an et jusqu'à 50 % à 5 ans (voir pour revue Dec and Fuster, 1994). Le pronostic de la maladie est d'autant plus mauvais que la dilatation est importante et la fraction d'éjection abaissée.

D. ETIOLOGIE

Selon une classification émanant de l'Organisation Mondiale de la Santé, la CMD peut être liée, soit à une dysfonction du myocarde (cardiomyopathie), soit être d'origine alcoolique/toxique, immune, virale, familiale/génétique ou enfin être considérée comme idiopathique. La classe de la CMD idiopathique est d'ailleurs prédominante (plus de 50 %) car dans la majeure partie des cas, aucune étiologie n'est retrouvée. Par ailleurs, les formes idiopathiques et familiales/génétiques ont longtemps été confondues. L'absence de cause clairement identifiée revient, en effet, à suspecter l'implication de facteurs génétiques (Richardson et coll., 1996).

1. Cardiomyopathie dilatée médicamenteuse ou associée à une dysfonction myocardique

De nombreuses maladies myocardiques peuvent conduire au développement d'une CMD : une CMH, une cardiopathie valvulaire, une maladie infiltrative et de surcharge (amylose, hémochromatose, sarcoïdose, maladies métaboliques familiales), une maladie endomyocardique (fibrose endomyocardique, endocardite fibroplastique de Löffler, fibro-élastose endocardique, maladie carcinoïde).

Parmi les autres maladies cardio-vasculaires, on compte également les maladies coronaires qui peuvent être à l'origine d'une ischémie ou encore l'hypertension artérielle qui conduit à une élévation de la postcharge myocardique (voir pour revue Charron et coll., 1998).

L'utilisation d'agents toxiques tels que cobalt, éthanol, mercure, cocaïne, ainsi que certains médicaments comme les anthracyclines ou la bléomycine (anticancéreux utilisés en chimiothérapie), le paracétamol, les phénothiazines (neuroleptiques) ou autres chloroquines (antipaludique) et antiviraux peuvent également être à l'origine de CMD. Par ailleurs, la consommation chronique et abusive d'alcool constitue une cause fréquente de CMD. L'alcool et ses métabolites ont des effets toxiques directs sur le myocarde. Ils peuvent notamment provoquer des carences en vitamine B1 à l'origine de troubles cardiaques (Béribéri).

2. Anomalies de l'immunité humorale et cellulaire

Des études ont montré une diminution de l'activité des lymphocytes T cytotoxiques ou $CD8^+$ (réponse immunitaire à médiation cellulaire) (Dec and Fuster, 1994). L'activation des cellules T pourrait résulter d'une interaction avec un antigène (provenant d'un virus ou d'une bactérie). Par ailleurs, il a déjà été rapporté chez des patients atteints de CMD la présence d'anticorps circulants dirigés contre la chaîne lourde de la myosine cardiaque ainsi que contre des laminines, les mitochondries cardiaques, contre la boucle extra cellulaire du récepteur bêta 1-adrénergique ou encore contre le récepteur muscarinique à l'acétylcholine (voir pour revue Feldman and McNamara, 2000). Le lien exact (cause ou conséquence ?) entre la présence de ces anticorps dans le sérum et la CMD reste cependant difficile à établir. Néanmoins une altération ou une destruction des myocytes par ces anticorps et lymphocytes apparaît comme un mécanisme potentiel (voir pour revue Feldman and McNamara, 2000).

3. Infection virale

L'hypothèse d'une myocardite virale conduisant à une CMD est souvent proposée (voir pour revue Dec and Fuster, 1994; Feldman and McNamara, 2000; Franz et coll., 2001).

Selon les études effectuées sur des biopsies endomyocardiques, on estime de 10 à 34 % la proportion de patients atteints de la maladie et présentant des traces de génomes viraux dans leur myocarde (Feldman and McNamara, 2000). La variabilité de ces chiffres est vraisemblablement due à un nombre de biopsies utilisées variable d'une étude à l'autre. De même, 80 % des patients asymptomatiques porteurs du virus HIV présentent une CMD (Feldman and McNamara, 2000). Pour 6 % d'entre eux, le virus est détectable dans le myocarde. L'implication du virus de l'hépatite C dans le développement de la maladie est également suspectée (voir pour revue Feldman and McNamara, 2000).

Cependant, le virus le plus fréquemment retrouvé est le virus Coxsackie B (voir pour revue Feldman and McNamara, 2000). Les virus Coxsackies sont des entérovirus de la famille des Picornavirus à transmission oro-fécale. Le virus Coxsackie B est connu pour provoquer des myalgies, des infections respiratoires, des myocardites et péricardites. Selon une récente étude, les ARN des souches B3 et B4 de ce virus sont en effet retrouvés dans 35 % des biopsies cardiaques provenant de patients atteints de CMD (Fujioka et coll., 2000).

Il est difficile, cependant, d'établir un lien de cause à effet entre la présence de virus et le développement de la maladie. Soulignons néanmoins l'apport de quelques travaux. Ainsi, Wessely et coll. (1998) ont généré des souris génétiquement modifiées exprimant dans les cardiomyocytes un génome de virus Coxsackie CVB3 (brins (+) et (-) de l'ARN viral) grâce au promoteur de la chaîne légère de la myosine *(MLC)-2v*. Ils ont alors montré que l'infection par un entérovirus déclenche chez la souris, une CMD aux caractéristiques identiques à celles de l'Homme, à savoir une dilatation ventriculaire gauche, une altération de la fonction systolique du cœur et de l'efficacité du couplage excitation/contraction, une augmentation du taux d'ANF (Atrial Natriuretic Factor : marqueur de l'insuffisance cardiaque) et sur le plan histologique, une dégénérescence myocytaire ainsi qu'une fibrose interstitielle. Cette étude met en évidence le lien existant entre la présence de génome viral dans les cardiomyocytes et le développement d'une CMD (Wessely et coll., 1998). De même, au cours d'une myocardite, une maladie inflammatoire du muscle cardiaque causée par un adénovirus ou un entérovirus, il a été montré que l'action d'enzymes protéolytiques virales désorganise le complexe sarcoglycane associé à la dystrophine. En effet, Badorff et coll. (1999) ont montré que la protéase entérovirale 2A, lors d'une infection de myocytes en culture ou de cœurs de souris par le virus Coxsackie, est capable de cliver spécifiquement la dystrophine et d'induire une dysfonction de cette protéine ainsi qu'une rupture du complexe glycoprotéique sarcoglycane qui lui est associé (Badorff et coll., 1999). Ces anomalies sont à rapprocher des mutations génétiques identifiées dans le gène codant la dystrophine, responsables de CMD liée au chromosome X et dans lesquelles on retrouve au niveau myocytaire cette désorganisation du complexe sarcoglycane (cf. paragraphe sur les formes familiales liées à l'X).

4. Facteurs génétiques

La CMD est une maladie dont la composante génétique est complexe.

On distingue généralement deux groupes, même si, sur le plan phénotypique, il n'existe aucune façon de les différencier : les formes sporadiques, assurément les plus nombreuses (≈70 %) et les formes familiales (≈30 %). Cette distinction est, bien sûr, arbitraire dans la mesure où de nombreux cas dits "sporadiques" sont potentiellement des cas familiaux pour lesquels les informations familiales sont insuffisantes ou qui résultent de mutations survenues *de novo.*

Plusieurs gènes impliqués dans les formes monogéniques ont été récemment identifiés (cf. § sur les formes familiales). Mais le rôle d'autres gènes associés au pronostic de la maladie, à son expression ou à sa gravité, ne peut être exclu en particulier dans les formes sporadiques. L'aspect génétique de la pathologie sera très largement détaillé dans le chapitre IV. Génétiques des CMD.

III. LA CELLULE MUSCULAIRE CARDIAQUE

(cf.figure n°1)

Les cellules musculaires myocardiques sont des cellules cylindriques mononuclées. Contrairement aux cellules musculaires striées squelettiques, elles ne présentent pas de jonctions myo-tendineuses ni de jonctions neuromusculaires. En revanche, elles sont liées les unes aux autres par des jonctions intermyocytaires spécifiques appelées disques intercalaires (Figure n°1 et 2).

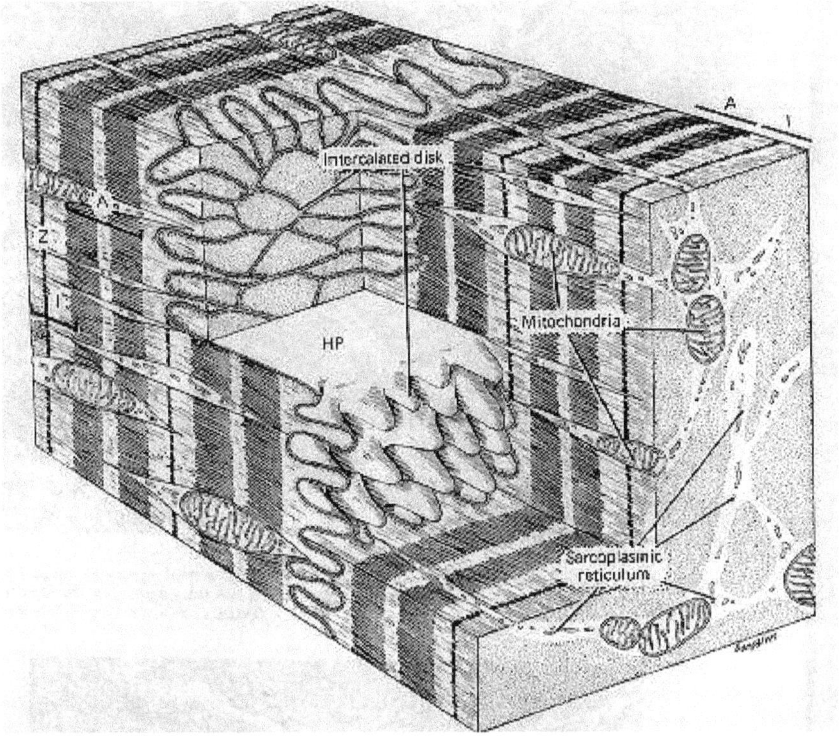

Figure n°1 : Structure schématique d'un cardiomyocyte au niveau d'un disque intercalaire

D'après : http://hscsyr.edu/feiglind/2.jpg

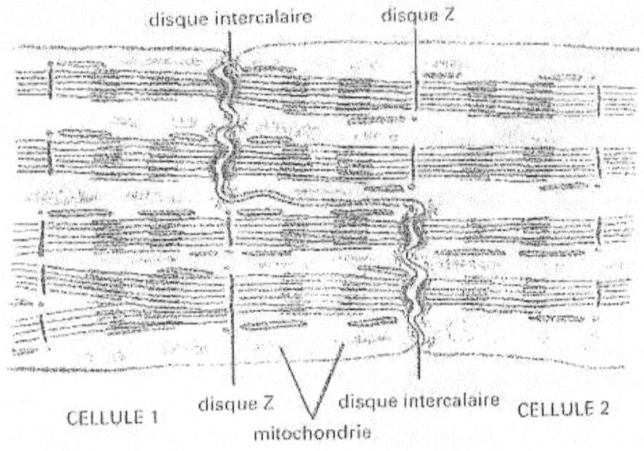

Figure n°2 : Schéma du muscle cardiaque montrant deux cellules réunies bout à bout par des disques intercalaires.
Les filaments d'actine des sarcomères s'insèrent dans la membrane plasmique au niveau de ces disques intercalaires.
Tiré de : La cellule (troisième édition) par Bruce Alberts, Dennis Bray, Julian Lewis, Martin Raff, Keith Roberts, James D. Watson. Editions Médecine-Science Flammarion.

Au cours des dix dernières années, la génétique de la CMD, qu'il s'agisse des formes familiales ou sporadiques, a révélé l'importance de nombreux gènes codant des protéines de régulation mais aussi et surtout des protéines du cytosquelette et de l'appareil contractile de la cellule cardiaque. La connaissance précise de leurs fonctions et interactions est au cœur des hypothèses physiopathologiques qui permettent de comprendre le développement de la maladie.

A. LE SARCOMERE, L'UNITE CONTRACTILE DE LA CELLULE CARDIAQUE

(Figure n°3 et 4)

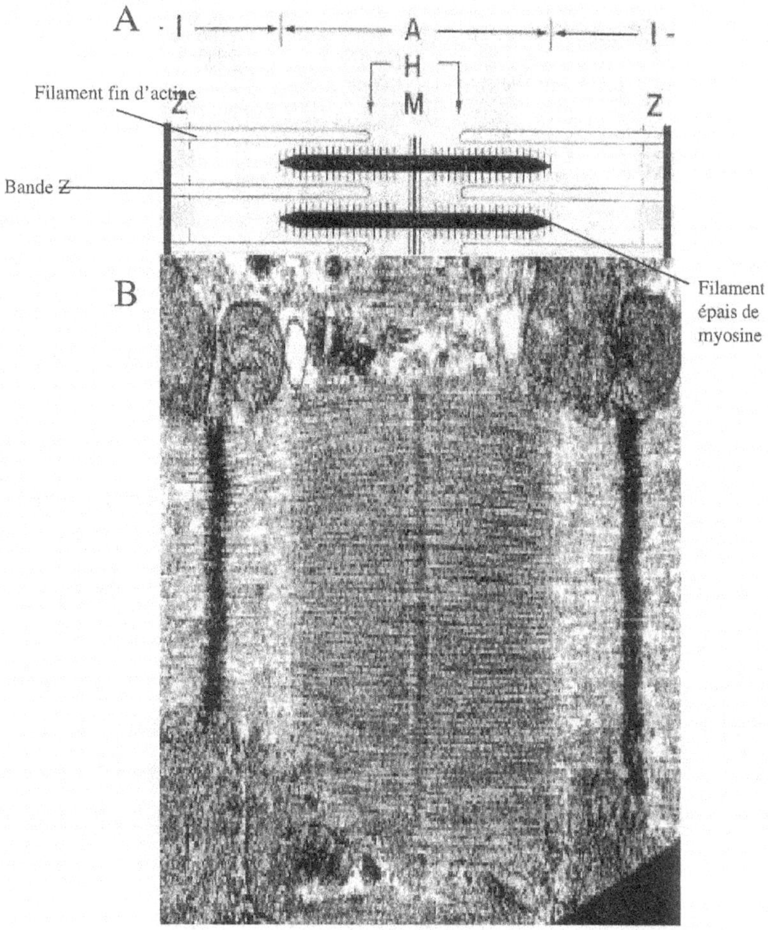

Figure n°3 : **(A) Diagramme Schématique d'un sarcomère individuel montrant l'origine des bandes sombres et claires visibles en microscopie électronique. (B) Micrographie électronique d'une coupe longitudinale de muscle squeletique montrant la définition d'un sarcomère.**
D'après http://www.neuro.wustl.edu/neuromuscular/mother/myosin.thm

1. Description

Le sarcomère se compose de filaments fins, de filaments épais, de filaments de titine et de nébuline (Alberts et coll., 1997).

- L'actine cardiaque est le constituant principal des filaments fins. Il s'agit d'une protéine très conservée au cours de l'évolution. Les filaments fins sont formés de deux chaînes de molécules globulaires d'actine G enroulées en hélice l'une autour de l'autre formant ainsi une torsade à laquelle s'associent les molécules de tropomyosine et de troponine. Ces filaments fins interagissent d'une part avec les têtes de myosine et d'autres part, avec différentes protéines du cytosquelette dont l'alpha-actinine, l'une des extrémité du filament étant fixée au niveau de la bande Z. Le rôle de l'actine est double : générer la force de contraction, et la transmettre à travers le réseau du cytosquelette.

Les molécules de tropomyosine s'associent entre elles pour former des filaments qui viennent se loger au cœur des sillons formés par la torsade des chaînes d'actine.

La troponine, quant à elle, est constituée de trois sous-unités : la troponine C, qui fixe le calcium, la troponine I qui inhibe la liaison actine-myosine ainsi que l'activité ATPasique de la myosine et la troponine T étroitement associée à la tropomyosine.

- C'est la molécule de myosine qui compose les filaments épais. C'est une protéine hexamérique composée de deux chaînes lourdes (MHC), de deux chaînes légères essentielles (MLC) et de deux chaînes légères régulatrices (MLC-2). Les extrémités C-terminales des deux chaînes lourdes s'enroulent l'une autour de l'autre pour former la queue de la protéine encore appelée bâtonnet (rod en anglais). Chacune des extrémités N-terminales des deux chaînes lourdes s'associe à une chaîne légère essentielle et une chaîne légère régulatrice pour former une tête globulaire au niveau de laquelle se trouve l'activité d'hydrolyse de l'ATP et les domaines d'affinité pour l'actine (Figure n°4).

En présence de calcium, la liaison de la tête de la myosine (liée à une molécule d'ADP) avec une molécule d'actine d'un filament fin est à l'origine du glissement des filaments fins par rapport aux filaments épais entraînant un raccourcissement du sarcomère, donc de la myofibrille et conduisant à la contraction musculaire.

- Les filaments de titine s'étendent sur toute la longueur du sarcomère des filamments épais jusqu'au disque Z. Ils constituent une armature longitudinale qui renforce la structure du sarcomère. Ils jouent un rôle dans l'élasticité des myofibrilles. Les filaments de nébuline sont associés eux aux filaments fins d'actine.

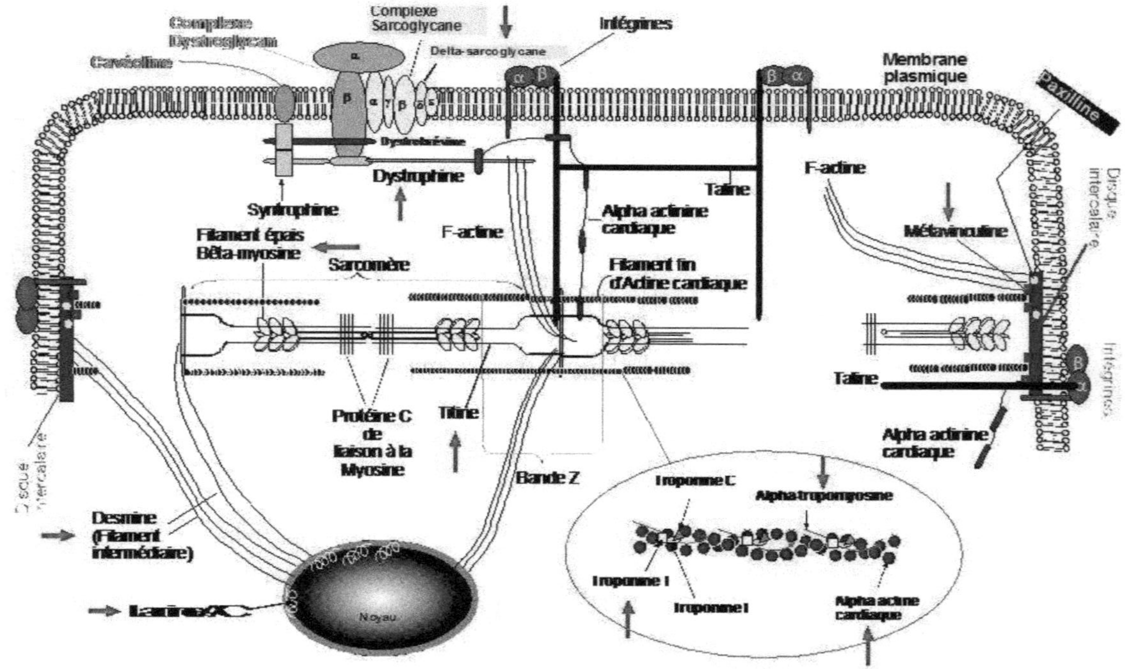

Figure n° 4 : Représentation schématique des principales protéines du sarcomère et du cytosquelette, en particulier celles impliquées dans des cardiomyopathies dilatées (flèches rouges) et de leurs interactions moléculaires au sein du cardiomyocyte

Précisions concernant la figure n°4

Cette figure est une représentation très schématique permettant de visualiser les interactions entre les principales protéines, en particulier celles identifiées dans les CMD. Dans un souci de clarté, de nombreuses structures et protéines ne figurent pas ou ne sont que grossièrement représentées, notamment :

<u>Les costamères</u> (ou contacts focaux ou plaques d'adhérence). Ce sont des épaississements et densifications sous-sarcolemmiques situées entre les disques Z et la membrane plasmique qui se trouve en regard. Ils servent à attacher les filaments d'actine intracellulaires aux protéines de la matrice extra-cellulaire.
Disques Z et matrice extra-cellulaire se trouvent ainsi reliées. A leur niveau on trouve, entre autre, la métavinculine ou la taline qui sont donc liées d'un côté à l'alpha actinine des disques Z et de l'autre aux intégrines de la membrane palsmique (Figure 4 Bis ci-dessous). Ils sont présents dans la cellule myocardique comme dans le myocyte strié squelettique.

<u>Les tubules T</u>. Ce sont des invaginations de la membrane plasmique situées à la jonction de la strie Z.

<u>Les disques intercalaires.</u> Ce sont des structures permettant la jonction bout à bout des cardiomyocytes et comportant les desmosomes, les zonula adhaerens (jonctions adhérentes) et les jonctions gap.

De même, la membrane plasmique contient de nombreuses autres protéines, notamment des récepteurs (muscarinique de l'acétylcholine, récepteurs alpha 1, bêta 1 de l'adrénaline/noradrénaline, de l'angiotensine II, adrénergique), des canaux calciques voltages dépendants ou encore des transporteurs (GLU4).

Figure n°4 Bis

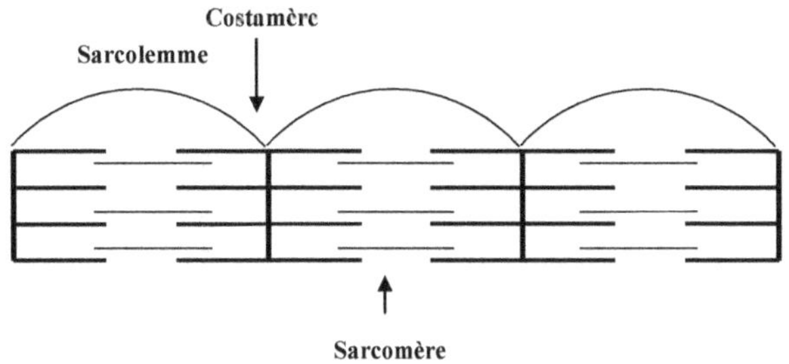

2. Fonctionnement

Au moment de la contraction, les ions calcium provenant du réticulum sarcoplasmique (RS) se lient à la troponine C, induisant son changement de conformation. Ceci lève l'inhibition par la troponine I de la liaison actine-myosine. Les têtes de myosine entrent alors en contact avec les molécules d'actine voisines.

L'hydrolyse de l'ATP et la libération d'ADP + Pi s'accompagne d'un pivotement des têtes de myosine provoquant un glissement des filaments d'actine et de myosine les uns par rapport aux autres. Il s'ensuit un rapprochement des lignes Z du sarcomère à l'origine de la contraction. C'est donc ce glissement des filaments fins d'actine le long des filaments épais de myosine qui produit la contraction.

Le détachement des molécules de myosine est permis par l'abaissement de la concentration des ions Ca^{2+} qui, en majorité, sont repompés par la Ca^{2+} ATPase du RS (SERCA) contre un gradient de concentration. Cette baisse du calcium libère les sites des molécules de troponine C. Le retour à la conformation initiale de la tête de myosine est réalisé grâce à la fixation d'ATP sur la myosine. Cette fixation d'ATP est indispensable au déclenchement de la relaxation.

B. LE CYTOSQUELETTE

Le cytosquelette est un réseau dynamique, car se réorganisant en permanence, de tubules et de filaments chargés de transmettre les contraintes mécaniques à l'intérieur de la cellule ainsi qu'entre les cellules. Il sert également de point d'attache pour des canaux ioniques, et différents organites cellulaires, mitochondries, myofibrilles, appareils de golgi. Dans la cellule musculaire, la force de contraction générée par le sarcomère est transmise aux autres myofibrilles et aux autres cellules musculaires par l'intermédiaire du cytosquelette et de la matrice extracellulaire.

De très nombreuses protéines composent le cytosquelette, (Figure n°4). On ne s'intéressera ici qu'au plus importantes pour la suite de cet exposé à savoir les protéines en rapport avec le cytosquelette et/ou le sarcomère.

Précisons cependant que récemment plusieurs protéines jusque là inconnues et appartenant au sarcomère et/ou au cytosquelette des cellules cardiaques et musculaires squelettiques ont été découvertes : ZASP (Z-band alternatively spliced PDZ-motif protein), FATZ (Filamine, actinin, and telethonin-binding protein of the Z-disc of skeletal muscle) ou encore la myozenine, la desmusline, la myoferline. La connaissance des différentes interactions dans lesquelles elles sont impliquées a largement bénéficié de techniques telles que la technique dite du “double hybride” apparue au début des années 1990, technique qui permet de mettre en évidence in vivo l’interaction directe entre deux protéines. Cependant leurs fonctions exactes au sein des myocytes méritent encore d’être approfondies.

C. PRINCIPALES PROTEINES DU SARCOMERE ET DU CYTOSQUELETTE

(Fonctions de la protéine et protéines associées. Les protéines impliquées dans les CMD sont soulignées (pour revue voir (Alberts et coll., 1997; Hein et coll., 2000) et http://www.ncbi.nlm.nih.gov/)

Alpha-actine cardiaque :

Le gène *ACTC* est localisé en 15q14. (cf. § sur le sarcomère)

Alpha actinine cardiaque ou isoforme 2 :

Le gène *ACTN2* est localisé en 1q42-q43. Cette protéine participe avec d'autres protéines telle que la vinculine à l'ancrage de l'actine filamenteuse à la membrane au niveau des disques intercalaires. Elle est également présente au niveau du sarcomère. Il existe 4 isoformes de l'alpha-actinine (gènes *ACTN1*, forme non musculaire, *ACTN2*, *ACTN3* et dans les muscles lisses *ACTN4*). Seule l'isoforme 2 est spécifique du coeur. C'est une protéine de la famille des spectrines qui se lie à l'actine par sa région N-terminale. Elle possède également des capacités de liaison avec la titine et la région C-terminale de la dystrophine mais aussi avec la bêta 1 intégrine, des canaux potassiques (Kv1.5, Kv1.4) et des protéines récemment identifiées telles que FATZ, ZASP, la nébuline, la myotiline, la myozénine.

Alpha tropomyosine :

Le gène *TPM1* est localisé en 15q22.1. Protéine associée aux filaments d'actine du sarcomère et localisée dans les sillons formés par les filaments d'actine. Elle est capable de se lier à la troponine T et intervient donc dans la régulation par les ions calcium de la contraction des myocytes. La liaison des ions calcium sur la troponine T lève l'inhibition par la tropomyosine de l'interaction de la tête de myosine avec l'actine permettant ainsi la contraction musculaire.

Actine cytosquelettique ou actine F :

Différente de l'actine cardiaque sarcomérique. Elle constitue avec les microtubules et les filaments intermédiaires, l'un des trois principaux types de filaments protéiques du cytosquelette. Les filaments d'actine ou microfilaments sont des polymères hélicoïdaux à deux brins de la protéine d'actine.

Ankyrine :

Il s'agit d'une protéine associée à la membrane cellulaire, identifiée d'abord dans les érythrocytes, mais qui s'est révélée présente dans de nombreux types cellulaires dont les muscles squelettiques. On compte au moins trois gènes codant les ankyrines 1 (présentes dans les érythrocytes et les muscles squelettiques), 2 (cerveau) et 3 et respectivement localisés en 8p11.2, 4q25-q27 et 10q21. Les ankyrines contiennent un domaine N-terminal de liaison aux protéines membranaires, un domaine central contenant des sites de liaison pour la bêta-spectrine ou la vimentine et un domaine C-terminal régulateur. Certaines isoformes d'ankyrines sont vraisemblablement présentes au niveau des myofibrilles (bandes Z) et du RS. Deux isoformes synthétisées par épissage alternatif à partir du gène *ANK1* sont spécifiques du cœur et du muscle squelettique respectivement.

Desmine

Le gène *DES* est situé en 2q35. Constituant principal des bandes Z, la desmine est la protéine spécifique des filaments intermédiaires du cytosquelette des muscles cardiaques et squelettiques (filament de classe III). Elle forme un réseau fibreux qui participe au maintien de la structure des myofibrilles et à leur cohésion entre elles. Elle établit également un lien entre la membrane plasmique et les myofibrilles ainsi qu'entre le noyau et la membrane plasmique. Ces filaments intermédiaires permettent donc de connecter les cellules entre elles par l'intermédiaire des desmosomes et de former ainsi un réseau continu à travers le tissu myocardique.

Dystrophine

Le gène *DMD* est localisé en Xp21. Protéine de structure liée à la face interne de la membrane plasmique des cellules de muscles cardiaques et squelettiques, par l'intermédiaire d'un complexe glycoprotéique enchâssé dans le sarcolemme (complexe dystroglycane et sacoglycane). La dystrophine et ce complexe établissent un lien avec d'une part, le cytosquelette interne de la cellule, et notamment les microfilaments d'actine, et d'autres part, avec les composants de la matrice extracellulaire telles que les laminines. L'ensemble forme un réseau qui stabilise la membrane cellulaire. La stabilisation de la membrane plasmique, et le transfert de la force de contraction sont donc deux de ces principales fonctions. Elle possède un domaine N terminal présentant une homologie avec l'alpha-actinine, un domaine central dit "spectrin-like" et présentant une homologie avec la bêta-spectrine et deux autres domaines dont l'un riche en cystéine et indispensables à la liaison de la protéine au sarcolemme.

Intégrines

Les intégrines sont des hétérodimères transmembranaires composées d'une sous-unité alpha et d'une sous-unité bêta. Ces sous-unités se composent d'un domaine extra cellulaire imposant, d'un segment transmambranaire unique et d'une courte queue cytoplasmique. Elles sont impliquées dans les interactions entre la matrice extracellulaire et le myocyte ou les fibroblastes. Elles interviennent dans l'adhésion de la cellule à la matrice, dans la migration, dans la signalisation cellulaire ainsi qu'aux différentes régulations que subit le cœur lors de son développement (croissance, différenciation, prolifération cellulaire, etc). Dans les muscles, au cours du développement, les intégrines apparaissent essentielles pour la myofibrilogenèse.

Lamine A/C :

Le gène *(LMNA),* localisé en 1q21.2-q21.3, donne par épissage alternatif deux isoformes A et C. Les lamines sont des protéines de la lamina, une structure fibreuse associée à la membrane nucléaire interne. Elles font partie de la famille des protéines des filaments intermédiaires et participent au maintien de la forme du noyau et des pores nucléaires. On distingue les lamines de type B et les lamines de type A dont font partie les lamines A et C impliquées dans la CMD. La région centrale est une région en bâtonnet (rod domain) par laquelle les lamines interagissent pour former des dimères. Ces dimères s'associent à leur tour pour former des polymères antiparallèles (Head-to-tail) constituant ainsi des filaments. Les lamines maintiennent l'intégrité de la membrane nucléaire. Ce sont essentiellement les lamines de type B qui participent à l'assemblage et au désassemblage de la lamina lors des mitoses. Contrairement aux lamines de type B, les lamines A deviennent cytoplasmiques au moment des divisions cellulaires.

Complexe glycoprotéique associé à la dystrophine (ou DAG complex) :
Il forme un intermédiaire entre la matrice cellulaire externe via les chaînes de laminine alpha 2 (ou mérosine). Il se compose de trois sous complexes, le complexe dystroglycane (alpha et bêta-dystroglycane), le complexe sarcoglycane (alpha, bêta, gamma, et delta-sarcoglycane), et un complexe cytoplasmique formé par les dystrobrévine et syntrophine.

Chaîne lourde bêta de la myosine

Localisation du gène (*MYH7*) : 14q11.2. (cf. § sur le sarcomère)

Métavinculine

Le gène *VCL*, localisé en 10q22-q23, donne par épissage alternatif la vinculine et la métavinculine, cette dernière étant spécifique des muscles cardiaques et lisses. Cette protéine est co-localisée au niveau des disques intercalaires et des zones d'ancrage de l'actine cytosquelettique sur les plaques d'adhésion du sarcolemme.

Nébulette

Le gène (*NEBL*) est localisé en 10p12. Protéine spécifique du muscle cardiaque dans lequel elle est abondamment exprimée. Possède avec la nébuline un domaine d'homologie dans la partie C-terminale, et un domaine d'homologie N-terminal riche en sérine phosphorylable. Capable de se lier à l'actine, c'est l' un des composants du disque Z du sarcomère, à l'assemblage duquel elle participe.

Nébuline

Localisation du gène *NEB* : 2q22. Protéine en relation à la fois avec les filaments fins mais aussi avec les filaments épais du sarcomère des muscles squelettiques.

Paxilline

Le gène *PXN* se situe en 12q24. Cette protéine est impliquée dans la fixation de l'actine F à la membrane au niveau des plaques d'adhésion (contact focaux). Elle possède une capacité d'interaction avec la vinculine. Elle est exprimée dans de très nombreux types cellulaires sous différentes isoformes aux affinités pour les autres protéines variables.

Protéine C cardiaque de liaison à la myosine

Le gène *MYBPC3* est localisé en 11p11.2. Il s'agit d'une protéine sarcomèrique associée au filament épais de myosine et orienté perpendiculairement à ces filaments. Elle est nécessaire à la formation des filaments épais.

Tafazzine

Gène *TAZ (ou EFE2 ou G4.5*) localisé en Xq28. Il s'agit d'une famille de protéines synthétisées par épissage alternatif. Leur fonction reste mal connue. Il semble cependant qu'elles possèdent des homologies avec les acyltranférases, des enzymes impliquées dans l'assemblage des acides gras dans les membranes lipidiques.

Taline

Les deux gènes *TLN1 et TLN2* codant ces deux protéines sont tous deux situés en 9p. Ces protéines servent de lien entre la vinculine et les intégrines, entre la matrice extra-cellulaire et le cytosquelette. Il existe deux talines, la taline 1 et la taline 2 codées par deux gènes différents sur le même chromosome. La taline 1 est exprimée de façon ubiquitaire alors que la taline 2 est exprimée essentiellement dans le muscle cardiaque.

Titine,

Localisation du gène *TTN* : 2q24.3. La titine est une protéine géante qui forme un réseau de fibres qui s'étend de la bande Z à la bande M du sarcomère, en rapport avec les filaments d'actine mais aussi avec la myosine via la protéine C cardiaque de liaison à la myosine. Ses qualités élastiques permettent au sarcomère de recouvrer sa longueur initiale après que celui-ci ait été soumis à des tensions ou étirements.

Troponine T

Le gène *TNNT2* est situé en 1q32. La troponine T fait partie du complexe troponine qui comprend la troponine T, la troponine I et la troponine C et situé le long du filament fin du sarcomère des myocytes. La troponine T est impliquée dans la liaison avec l'alpha tropommyosine.

Tubuline

Hétérodimère formé par la bêta et l'alpha tubuline. Les tubulines sont constitutives des microtubules du cytosquelette. Ces microtubules sont des structures rigides qui s'étendent à travers le cytoplasme et gouvernent la localisation des organites et composants cellulaires. Ils sont soumis à un processus dynamique de polymérisation-dépolymérisation permanent.

D. LE DISQUE INTERCALAIRE (Figure n°2)

Encore appelé trait scalariforme (en forme d'escaliers) ou strie intercalaire, il s'agit d'un système de jonctions intermyocytaires qui différencie les cardiomyocytes des cellules musculaires striées squelettiques (ou rhabdomyocytes). Ils sont visibles en microscopie optique aux extrémités de chaque cardiomyocyte sous la forme d'un trait continu globalement transversal mais fait de la succession alternée de segments transversaux et de segments longitudinaux. Ce complexe jonctionnel comporte des jonctions de type adherens, des desmosomes et des jonctions de type gap.

Les desmosomes sont des points de contacts intercellulaires. Ils permettent une forte adhésion des cellules entre elles, évitant ainsi leurs détachements au cours des contractions. C'est à ce niveau que les filaments intermédiaires de desmine viennent s'ancrer. Ils sont situés dans les portions transversales et longitudinales des disques intercalaires

Les jonctions adhérentes (zonula adhearens) permettent une forte adhésion entre les cellules via une liaison à l'actine cytosquelettique (complexe cadhérine/caténine). Elles sont riches en alpha actinine. Elles sont situées dans la portion transversale des disques intercalaires. C'est également une zone d'attache des myofibrilles permettant ainsi la transmission de la force de contraction vers la membrane plasmique.

Les jonctions gap permettent le couplage électrophysiologique entre deux cellules. Elles assurent une communication directe entre les cytoplasmes des cellules adjacentes. La propagation de la contraction de cellule à cellule est assurée via des mouvements ioniques. Ces jonctions gap sont situées dans la portion longitudinale des disques intercalaires et sont composées de protéines de la famille des connexines.

E. LE CYCLE DU CALCIUM

Les variations de concentration calcique intracellulaire sont au cœur des mécanismes de contraction - relaxation de la cellule musculaire. C'est la survenue d'un potentiel d'action provoquant une dépolarisation membranaire qui initie l'entrée dans la cellule d'une faible quantité d'ions calcium. Ces ions calcium traversent les canaux calciques de type L essentiellement (canaux calciques dépendant du potentiel) et viennent se fixer au niveau des récepteurs à la ryanodine situés sur le réticulum sarcoplasmique (RS), déclenchant leur ouverture et la libération selon un gradient de concentration des ions calcium contenus dans ce RS (phénomène "calcium induced calcium release"). Cette action est permise grâce à l'étroite relation structurelle existant entre le sarcolemme et le RS dans sa partie dite jonctionnelle. C'est là en effet, que se situent les citernes terminales du RS. Celles-ci sont au contact des tubules T du sarcolemme et forment des triades. A ce niveau, récepteurs à la ryanodine et canaux calciques sont en contact étroit (Figure n°5).

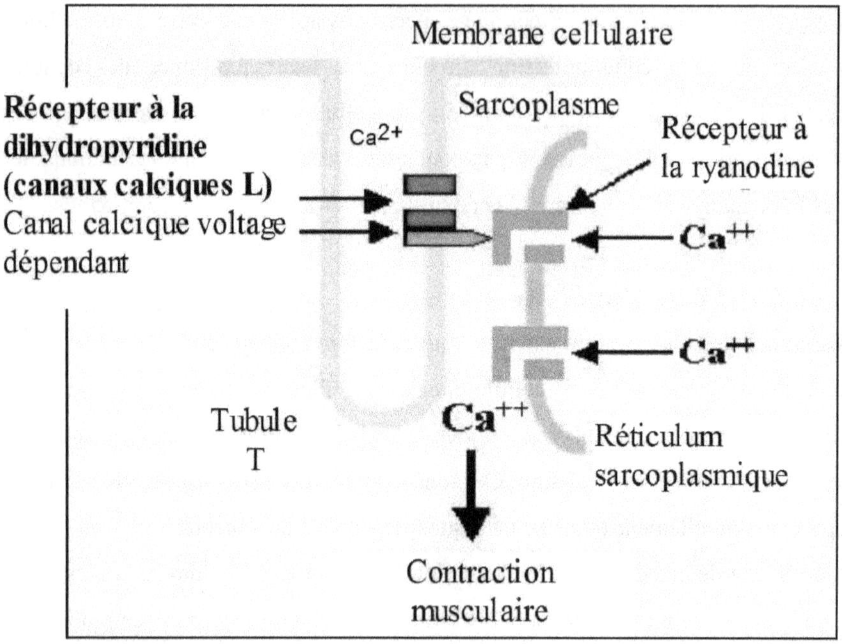

Figure n° 5 : Cycle du calcium lors de la contraction musculaire.
La dépolarisation membranaire est suivie de l'entrée dans la cellule d'ions calcium. Ces ions se fixent sur les récepteurs à la ryanodine entraînant leur ouverture et la diffusion selon un gradient de concentration des ions calcium stockés dans le réticulum sarcoplasmique. Le calcium ainsi libéré va se lier au complexe troponine pour déclencher la contraction. Schéma d'après http://www.neuro.wustl.edu/

Au moment de la relaxation les ions calcium sont repompés contre un gradient de concentration par la SERCA (Ca^{2+} ATPase du réticulum endo sarcoplasmique) dans les citernes terminales du RS où ils se lient avec la calséquestrine, une protéine de faible affinité pour le calcium mais de forte capacité. La SERCA est régulée par le phospholamban qui, lorsqu'il est à l'état déphosphorylé, se lie à elle et l'inhibe. Il existe cinq isoformes connues de SERCA codées par trois gènes différents mais seule l'isoforme 2a, la forme essentiellement exprimée dans le cœur et le muscle squelettique, est régulée par le phospholamban. Le phospholamban est une protéine pentamérique composée de 5 sous-unités identiques (homopentamères) de 52 acides aminées. L'inhibition de SERCA par le phospholamban est levée lorsque ce dernier est phosphorylé. Diverses kinases peuvent effectuer cette phosphorylation parmi lesquelles, la protéine kinase A AMPcyclique dépendante, qui constitue le mécanisme par lequel agissent les agonistes bêta-adrénergiques et une kinase calcium-calmoduline dépendante qui interviendrait plus tardivement lors de la stimulation bêta-adrénergique (Figure n°6).

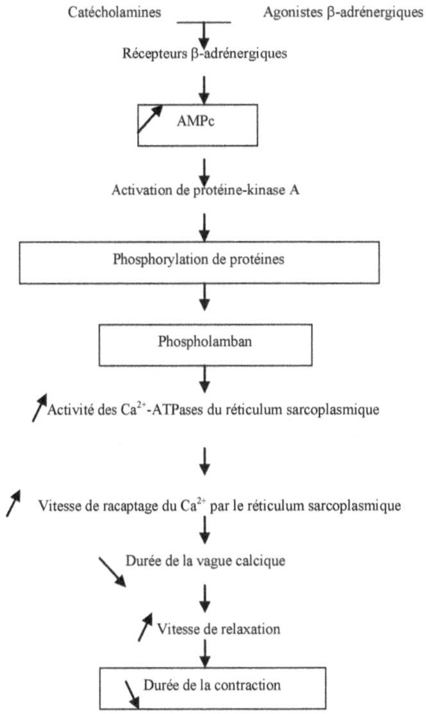

Figure n°6 : Conséquence de l'activation du phospholamban cardiaque par les agonistes bêta-adrénergiques.
Schéma repris de "Pharmacologie Moléculaire"édité par Yves Landry et Jean Pierre Gies, 2ème édition

Pour maintenir l'homéostasie calcique, une partie du calcium est expulsée hors de la cellule par l'échangeur Na-Ca membranaire (échange de trois ions Na^+ contre un ion Ca^{2+} grâce au gradient transmembranaire de Na^+) et dans une moindre mesure par la Ca^{2+} ATPase membranaire.

1. Calcium et insuffisance cardiaque

Toute altération de la fonction du RS se répercute inévitablement sur la fonction contractile du cœur. Le RS est au cœur du cycle du calcium dans la cellule cardiaque. Plusieurs études chez l'homme ou sur des modèles animaux montrent qu'une dérégulation du métabolisme du calcium conduit à un remodelage ventriculaire. Ainsi, sur des myocytes issus de sujets insuffisants cardiaques, on observe un allongement de la durée du potentiel d'action ainsi que de la transitoire calcique (c'est-à-dire l'augmentation brutale de la concentration calcique suivie de sa décroissance lente observable par des techniques d'électrophysiologie lors de la contraction). De même, des études sur des myocytes isolés de ventricules gauches de patients insuffisants cardiaques ou provenant de modèles animaux d'hypertrophie cardiaque ont également mis en évidence une diminution du pic de calcium associée à une augmentation diastolique du calcium (Beuckelmann et coll., 1992; Gwathmey et coll., 1987).

De nombreuses études ont porté sur l'expression de SERCA2a, du phospholamban ou des récepteurs à la Ryanodine dans l'insuffisance cardiaque. Cependant, concernant ces protéines, les résultats ont été souvent contradictoires d'une étude à l'autre et ont longtemps été sujets à controverse. Certains travaux montrent, en effet, un taux d'ARNm et de protéines en diminution dans des myocytes de cœurs insuffisants, tandis que d'autres n'observent aucune variation. En revanche, il semble que l'activité de SERCA2a soit effectivement diminuée dans l'insuffisance cardiaque. Récemment, il a été montré que la surexpression par transfert adénoviral du gène codant SERCA2a dans des myocytes isolés de rats conduit à une augmentation du relargage et du recaptage du calcium par le reticulum et à une augmentation de la contractilité. Ceci révéle ainsi la place centrale de SERCA2a dans l'homéostasie calcique et dans le couplage excitation contraction (Hajjar et coll., 1997). De même, Miyamoto et coll. ont montré dans un modèle animal d'insuffisance cardiaque que le rétablissement par transfert de gène de l'expression de SERCA2a s'accompagne d'un rétablissement des fonctions systoliques et diastoliques du cœur (Miyamoto et coll., 2000).

Concernant l'expression du phospholamban dans le cœur insuffisant, les résultats sont également contradictoires (Arai et coll., 1993; Feldman et coll., 1991; Linck et coll., 1996; Meyer et coll., 1995; Movsesian et coll., 1994; Schwinger et coll., 1995). En réalité, il semble que ce soit plutôt le rapport en quantité des deux protéines phospholamban et SERCA qui soit réellement déterminant dans les dysfonctions du RS rencontrées dans l'insuffisance cardiaque (Hasenfuss, 1998; Meyer et coll., 1995).

Le gène du phospholamban cardiaque est situé en 6q22.1. McTiernan et coll. (1999) ont montré que le gène contient des régions hautement conservées entre les espèces. Ils ont également défini des séquences régulatrices (GATA, M-CAT-like, CP1/NFY, E-Box) (McTiernan et coll., 1999). Néanmoins, à ce jour aucune anomalie dans la séquence du gène du phospholamban cardiaque n'a été décrite. La question de son rôle dans la cardiomyopathie dilatée et plus généralement dans l'insuffisance cardiaque reste donc posée. Existe t-il des cas de CMD liés à des mutations dans la séquence de ce gène ou encore y a t-il des polymorphismes associés à la maladie, à son expression ou sa gravité sont quelques-unes des interrogations auxquelles nous avons tenté de répondre et dont les résultats sont rapportés dans la partie resultats (2ème partie, paragraphe C) de ce manuscript.

IV. GENETIQUE DE LA CARDIOMYOPATHIE DILATEE

S'agissant des formes génétiques de la CMD, on distingue généralement les formes sporadiques des formes familiales.

A. CARDIOMYOPATHIE DILATEE SPORADIQUE

Récemment, dans le cadre d'études cas-témoins, des associations entre la maladie et plusieurs polymorphismes génétiques ont été mises en évidence dans les formes sporadiques et décrits ci-après. L'identification des facteurs génétiques influançant l'apparition, son expression ou sa gravité est essentiel pour notamment déterminer les populations à risque.

1. Gènes du système HLA (Polymorphismes HLADR4, HLA-DQA1, HLADQB1)

Les gènes du système HLA (Human Leukocyte antigen) sont parmi les premiers à avoir été étudiés dans la CMD. Le complexe génique HLA, situé sur le chromosome 6, code pour des protéines de classe I (HLA-I, HLA -B, HLA-C) et de classe II (HLA-DP, HLA-DQ, HLA-DR) du complexe majeur d'histocompatibilité. A chaque locus, on trouve dans la population un nombre très important d'allèles (souvent plus de 100). Son étude dans la prédisposition à la maladie en est d'autant plus difficile. Plusieurs allèles ont été associés à la CMD : allèles des loci DQA1-DQB, HLA-DR4, HLAw6. L'association entre le polymorphisme HLA-DRB1*1401 et la maladie identifiée par Nishi et coll. (1995) a d'ailleurs été confirmée par Hiroi et coll. (Hiroi et coll., 1999; Nishi et coll., 1995).

Notons que le locus chromosomique contenant les gènes du système HLA (chromosome 6) a été également étudié par analyse de liaison génétique dans une grande famille (63 individus d'origine italienne) à l'aide de marqueurs microsatellites situés dans ce locus. En effet, en raison des anomalies de l'immunité humorale et cellulaire déjà évoquées, les gènes du système HLA apparaissent comme d'excellents candidats. Aucune liaison génétique n'a cependant pu être mise en évidence entre la maladie et cette région dans cette famille (Krajinovic et coll., 1994).

2. Gène codant la superoxide dismutase à manganèse, SOD2.

La SOD2 est une enzyme antioxidante située dans les mitochondries et impliquée dans la lutte contre les radicaux libres provenant de la phosphorylation oxidative. Les espèces radicalaires sont impliquées dans de nombreuses pathologies notamment les cardiomyopathies ischémiques. Il existe un modèle de souris chez lesquelles l'inactivation par recombinaison homologue du gène codant la SOD2 provoque une CMD et la mort des souris homozygotes SOD2 -/- sous 10 jours (Li et coll., 1995). Ces arguments ont conduit une équipe japonaise à étudier dans une population de cas sporadiques atteints de CMD, un polymorphisme conduisant à la substitution Ala/Val situé en position 16 de la protéine, et localisé dans la séquence codant le peptide signal. Une association significative a ainsi été révélée (fréquence des homozygotes Val/Val plus importante chez les sujets atteints versus les sujets contrôles (OR=2,3, p=0,013) (Hiroi et coll., 1999). Les auteurs avancent comme mécanisme fonctionnel potentiel une baisse de l'efficacité du transport de la protéine vers la mitochondrie. Précisons toutefois que dans la population de malades étudiée (111 sujets au total), 23 sujets présentaient une forme familiale de la maladie et non pas une forme sporadique.

3. Gène codant le facteur d'activation plaquettaire de l'Acétylhydrolase ou PAF acéthylhydrolase

La PAF (Platelet Activating Factor) acéthylhydrolase est également une enzyme impliquée dans la lutte contre le stress oxidatif. Le stress oxidatif stimule la production dans les cellules endothéliales et les macrophages de la PAF acéthylhydrolase. L'enzyme catalyse alors l'hydrolyse du PAF ainsi que celle de phospholipides oxydés. Dans une étude portant sur 122 cas versus 226 témoins, Ichihara et coll. ont retrouvé une association entre la maladie et le polymorphisme C^{994}□T (Val□Phe) localisé dans le domaine catalytique de l'enzyme (OR=1,9, p=0,03). L'équipe a également montré que ce polymorphisme, d'ailleurs corrélé à l'activité enzymatique, est associé à la gravité de la maladie (Ichihara et coll., 1998). Ce même polymorphisme avait par ailleurs été retrouvé associé à la survenue des accidents vasculaires cérébraux, et d'infarctus du myocarde (Yamada et coll., 1998).

4. Gène codant le récepteur A de l'endothéline

Dans cette étude, Charron et coll. se sont concentrés sur plusieurs polymorphismes du système des endothélines, notamment dans l'endothéline 1 et dans les récepteurs de type A et B des endothélines. Les endothélines sont de petits peptides de 21 acides aminés. Trois isoformes (1, 2 et 3) ont été identifiées mais c'est l'isoforme 1 qui reste la mieux connue à ce jour. Le récepteur de type A, d'ailleurs présent en grande quantité au niveau des cellules cardiaques, lie préférentiellement l'endothéline 1. Le récepteur de type B lie quant à lui les trois formes. L'endothéline 1 par l'intermédiaire du récepteur A possède des effets vasoconstricteurs et inotropes positifs puissants (augmentation de la contractilité).

Charron et coll. ont pu mettre en évidence que l'allèle T du polymorphisme +1363 C/T localisé dans l'exon 8 constituait un facteur de risque pour la maladie, (OR=1,9, p=0,006) (Charron et coll., 1999). A noter dans cette étude (étude CARDIGENE), l'importance de la cohorte étudiée : 433 patients versus 400 contrôles. Il faut également ajouter que tout récemment un autre polymorphisme situé dans l'exon 6 de ce même gène, a été associé à la survie des malades (Herrmann et coll., 2001).

Les gènes du système des endothélines semblent donc jouer un rôle dans la CMD et l'insuffisance cardiaque. On sait par ailleurs qu'au cours de l'insuffisance cardiaque, la production cardiaque d'endothélines se trouve augmentée. Le blocage de la voie des endothélines est d'ailleurs de plus en plus étudié sur le plan pharmacologique avec, notamment, la mise au point de différents antagonistes des récepteurs ETA et ETB (antagonistes mixtes ETA/ETB ou sélectifs ETA ou ETB).

5. Gène codant la nébulette

La nébulette est une protéine de la bande Z du sarcomère liée à l'actine cardiaque. Après avoir déterminé la séquence du gène et identifié plusieurs polymorphismes, Arimura et coll. (2000) ont retrouvé une association significative entre la maladie et le polymorphisme Asn654Lys de ce gène (OR=6,25, p=0,002) (Arimura et coll., 2000). L'étude portait sur une population japonaise de 106 cas versus 331 témoins.

6. Cardiomyopathie dilatée sporadique et limites des études d'association

A l'exception de l'allèle HLA-DRB1* les résultats rapportés ci-dessus n'ont pour le moment pas été confirmés par d'autres études. En outre, certaines études ne concernent que la population japonaise (PAF Acétyhydrolase, la nébulette ou la SOD2) avec, qui plus est, des effectifs parfois restreints (étude du gène codant la nébulette avec seulement 106 cas, la SOD2 avec 111 cas ou encore le gène codant la PAF acéthylhydrolase avec seulement 122 cas).

Rappelons également que des polymorphismes dans de nombreux autres gènes ont fait l'objet d'études approfondies sans qu'aucune association avec la maladie n'ait été retrouvée : gènes codant l'angiotensinogène (T174M et M235T), le récepteur de type 1 à l'angiotensine II (A-153G et A+39C), l'aldostérone synthase (T-344C), le TNF (tumor necrosis factor) (G-308A), la NO synthase endothéliale (G+11/in23T), le BNP (brain natriuretic peptide) (C-1563T) (Tiret et coll., 2000).

Des analyses complémentaires seront donc nécessaires pour conclure avec certitude sur le rôle de ces gènes et éviter tout risque d'interprétation erronée. Le cas du polymorphisme insertion/délétion du gène codant l'enzyme de conversion de l'angiotensine I illustre la difficulté de ces études. En effet, plusieurs études (Montgomery et coll., 1995; Sanderson et coll., 1996; Tiret et coll., 2000; Vancura et coll., 1999; Yamada et coll., 1997) sont venues infirmer des résultats initiaux obtenus par Raynolds et coll. en 1993 montrant une association entre ce polymorphisme et la CMD.

De même, le gène responsable de l'hémochromatose (*HFE*) a lui aussi été associé à la maladie au cours d'une première étude (polymorphisme H63D) (Mahon et coll., 2000), mais cette association n'a pas été confirmée par la suite (Hetet et coll., 2001).

L'obligation de répliquer les études d'association sur de grandes populations d'origine ethniques différentes puis d'effectuer des méta-analyses est donc essentielle afin de confirmer les éventuelles associations. Cela vient à nouveau d'être souligné dans une récente étude (Ioannidis et coll., 2001). Se basant sur 370 études dans diverses pathologies, les auteurs montrent que les résultats concernant des gènes de prédisposition ou de protection sont fréquemment surestimés lors des premières études par rapport aux études ultérieures. Le degré d'association entre un gène et une pathologie décroît généralement avec l'accumulation des données génétiques. Les raisons de ces disparités entre études sont liées à la diversité des populations étudiées d'une étude à l'autre mais également à la présence de biais méthodologiques (échantillonnage, cohorte trop petite, phénotypage…). Le choix des individus par exemple peut être une source majeure de biais en raison du phénomène de stratification de population puisque la fréquence de certains allèles peut varier entre la population d'où proviennent les malades et celle d'où proviennent les témoins. Pour qu'une étude d'association soit valide, témoins et malades doivent donc provenir d'une même population panmictique ce qui est souvent difficile à respecter et à vérifier. Une des façons d'éviter le biais de stratification est de recourir à des analyses dans lesquelles les témoins sont choisis au sein même des familles de malades, comme le test TDT (Tansmission Disequilibrium Test). Pour réaliser ce type de test, il est donc nécessaire de disposer des parents des malades.

B. CARDIOMYOPATHIE DILATEE FAMILIALE

On estime que les formes familiales représentent 25 à 35 % des cas de CMD idiopathique (Grunig et coll., 1998; Keeling et coll., 1995; Michels et coll., 1992).

Il existe différents modes de transmission : mitochondriale, autosomique récessive, lié au chromosome X et enfin, les formes autosomiques dominantes largement majoritaires et marquées par une hétérogénéité à la fois phénotypique et génétique.

Dans une récente étude, Mestroni et coll. (1999a) ont trouvé que la forme autosomique récessive représentait 16 % des formes familiales, la forme liée à l'X, environ 10 % et la forme isolée autosomique dominante, 56 %.

Par ailleurs, si l'on considère, la forme autosomique dominante avec troubles musculaires, représentant 7,7 % des formes familiales et celle avec troubles de conduction auriculo-ventriculaires, évaluée à 2,6 %, on peut estimer que les formes autosomiques dominantes dans leur ensemble représentent 66,3 %, soit environ les deux tiers des formes familiales identifiées (Mestroni et coll., 1999a). Notons enfin que près de 8 % des cas de CMD inclus dans cette étude étaient inclassables en raison d'u phénotype particulier (hypertrophie ventriculaire gauche et/ou droite, ventricule gauche hypocinétique...) (Figure n°7).

La présente étude n'a portée que sur une population italienne de patients CMD tous recrutés dans un unique centre hospitalier. Il est donc difficile de savoir si ces données peuvent être extrapolées à l'ensemble de la population de patients atteints de CMD familiale. D'où l'intérêt de vérifier ces valeurs dans d'autres cohortes de patients, ce que nous avons fait avec l'ensemble des patients regrutés dans notre laboratoire. Les résultats sont rapportés dans la première partie des résultats de ce manuscript.

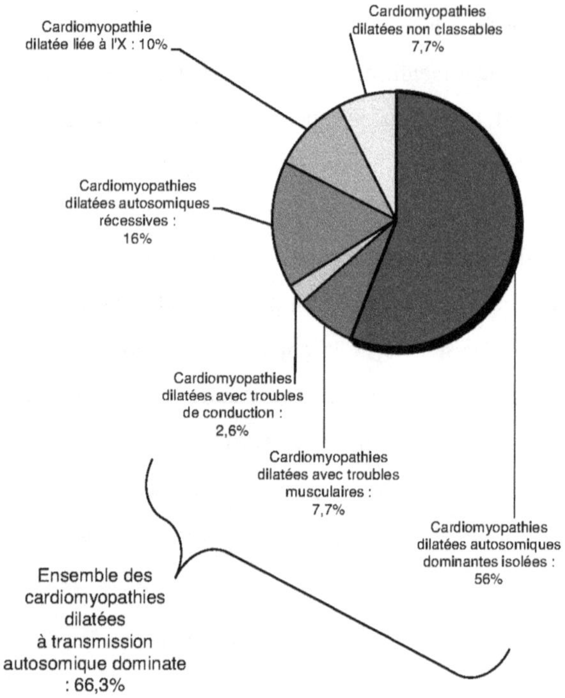

Figure n°7 : Fréquences des différentes formes de cardiomyopathie dilatée familiale (établit d'après l'étude de Mestroni et al. 1999)

1. Formes mitochondriales

Des cardiomyopathies sont fréquemment associées aux différentes maladies mitochondriales existantes. Des mutations de l'ADN mitochondrial peuvent en effet, déclencher ou contribuer au développement d'une cardiomyopathie ou d'une insuffisance cardiaque.

De très nombreuses mutations de l'ADN mitochondrial ont été observées dans les cardiomyopathies et en particulier dans la CMD. Il s'agit en général de délétions

(Ozawa, 1995; Suomalainen et coll., 1992) ou de mutations ponctuelles des ARNt mitochondriaux
(Marin-Garcia et coll., 2000; Santorelli et coll., 1996; Silvestri et coll., 1994; Terasaki et coll., 2001; Vilarinho et coll., 1997). Le cœur, le muscle squelettique et le système nerveux sont les tissus les plus riches en mitochondries. En cas d'anomalie affectant les fonctions mitochondriales (fourniture de l'énergie cellulaire par la phosporylation oxydative, bêta-oxidation des acides gras, génération du stress oxydatif et de radicaux libres et contrôle de la mort cellulaire), ces trois types tissulaires sont donc affectés en tout premier lieu. Ces tissus souffriront donc le plus du déficit même si, il est vrai, on peut également observer des atteintes rénales (insuffisance rénale, tubulopathie proximale, atteinte glomérulaire), hépatiques (insuffisance hépatocellulaires) ou hormonales (diabète).
Néanmoins, les maladies mitochondriales sont en général difficiles à diagnostiquer. Il s'agit de pathologies dont la gravité est proportionnelle à l'hétéroplasmie (proportion d'ADN mitochondrial muté dans la cellule) et qui donnent lieu le plus souvent à des atteintes tissulaires ou syndromes très divers. Ainsi une CMD peut s'observer dans les syndromes de MELAS (Mitochondrial myopathy, Encephalopathy, Lactic Acidosis, and Strokelike episodes), de MERRF (Myoclonic Epilepsy with ragged Red Fibers), de Kearns-Sayre ou encore dans la déficience en NADH-coenzyme Q réductase. Par ailleurs, même si il a été montré que les mutations ponctuelles de l'ADN mitochondrial sont plus nombreuses chez les patients CMD que chez les sujets sains (Li et coll., 1997), elles restent néanmoins rares. Dans une récente étude Arbustini et coll. ont analysé 601 biopsies cardiaques de patients CMD, à la recherche d'anomalies structurelles des mitochondries. Quatre-vingt-cinq d'entre eux présentaient des anomalies morphologiques des mitochondries. Parmi ceux-ci, 19 seulement étaient réellement porteurs de mutations dans l'ADN mitochondrial (Arbustini et coll., 1998).

2. Formes familiales autosomiques récessives

Quelques familles ont été rapportées avec un mode de transmission de la maladie compatible avec un modèle autosomique récessif (Goldblatt et coll., 1987; Michels et coll., 1992; Seliem et coll., 2000). Ce mode de transmission s'observe généralement dans des familles présentant des consanguinités. Dans une forme rare de CMD, affectant plusieurs familles originaires d'Arabie Saoudite et caractérisée par un phénotype sévère et une apparition précoce (avant l'âge de 30 mois), des analyses de ségrégation ont montré qu'il s'agissait du mode de transmission le plus probable. Dans près de la moitié des familles analysées (46 %) une consanguinité était rapportée (Seliem et coll., 2000). Un chiffre important mais peu surprenant quand on sait que plus le phénotype dans la population générale est rare, plus l'existence d'une consanguinité est probable. Le gène responsable de cette forme n'a pour le moment pas été trouvé.

En définitive, en l'absence de preuve de mariages consanguins, il est difficile de reconnaître une transmission autosomique récessive. Cependant, elle peut être suspectée lorsque des parents consanguins cliniquement sains ont des enfants atteints (25 % des enfants) et des petits enfants cliniquement sains (une seule génération d'atteints).

Ajoutons que la CMD peut s'observer dans d'autres types de pathologies à transmission autosomique récessive. C'est le cas par exemple des dystrophies musculaires des ceintures *LGMD2C* (protéine responsable : gamma-sarcoglycane), *LGMD2D* (protéine responsable : alpha sarcoglycane ou adhaline), *LGMD2E* (protéine responsable : bêta-sarcoglycane) et *LGMD2F* (protéine responsable : delta-sarcoglycane également impliqué dans une CMD autosomique dominante). Des dysfonctions cardiaques accompagnent en effet très fréquemment les troubles musculaires. Fadic et coll. (1996) et McNally et coll. (1996) furent ainsi les premiers à décrire le cas de dystrophies musculaires accompagnées d'une CMD réfractaire et associées à une déficience en adhaline ou alpha-sarcoglycane (Fadic et coll., 1996; McNally et coll., 1996). D'autres équipes ont poursuivi notamment en décrivant des mutations dans le delta-sarcoglycane (délétion du nucléotide 656 décalant le cadre de lecture) dans quatre familles d'origine brésilienne (Moreira et coll., 1998; Nigro et coll., 1996a). Enfin, Barresi et coll. (2000) rapportèrent le cas de deux patients atteints de dystrophie musculaire dues à des mutations dans le bêta-sarcoglycane et décédés à l'âge de 18 et 27 ans de CMD (Barresi et coll., 2000).

Il existe également un syndrome se manifestant au cours de l'enfance et comprenant une maladie de peau (Keratoderme palmoplantaire), des cheveux de texture laineuse et une CMD. Le gène correspondant à ce syndrome vient récemment d'être identifié. Il s'agit du gène codant la desmoplakine, le constituant principal des desmosomes. La mutation, un codon stop qui aboutit à la synthèse d'une desmoplakine privée de sa partie C-terminal, est retrouvée à l'état homozygote dans trois familles dont deux au moins consanguines, annihile les interactions de la protéine avec les filaments intermédiaires (Norgett et coll., 2000). L'examen histologique de l'épiderme de malades montre une perte de la cohésion des keratinocytes entre eux. En outre, les techniques d'immunohistohimie mettent en évidence une distribution anarchique de la desmoplakine au sein de la cellule.

3. Formes familiales liées à l'X

A l'heure actuelle deux gènes ont été impliqués dans les formes familiales liées à l'X : le gène codant la dystrophine et celui codant les tafazzines (Tableau n°1)

3.a La dystrophine

C'est en 1987 que Berko et Swift décrivirent pour la première fois, les caractéristiques d'une CMD familiale liée au chromosome X et ce à partir du cas détaillé d'une famille (Berko and Swift, 1987).

Chez les hommes, la maladie apparaît vers la fin de l'adolescence et nécessite très rapidement (dans les deux ans selon Berko et Swift) une transplantation. Chez les femmes, les symptômes sont moins graves. La maladie est d'apparition plus tardive (vers 40 ans) et d'évolution plus lente (environ 10 ans). Ces patientes ne présentent pas de signes d'atteintes musculaires mis à part un taux de CPK (Créatine Phospho Kinase) en général élevé ou des myalgies après un exercice physique intense.

Les premières anomalies génétiques décrites en rapport avec une CMD liée à l'X concernèrent le gène codant la dystrophine d'abord localisé par analyse de liaison génétique (Towbin et coll., 1993). Ainsi, furent identifiées des délétions de la région 5' incluant le promoteur et l'exon 1 (Muntoni et coll., 1993), ainsi qu'une mutation ponctuelle affectant le site d'épissage de l'intron 1 (Milasin et coll., 1996). Ces deux types de mutations affectent l'expression cardiaque de la protéine. En effet, Muntoni et coll. ont noté l'absence de l'ARNm de la dystrophine (isoforme musculaire) dans les cellules cardiaques (Muntoni et coll., 1993). En revanche, la faible activité résiduelle dans les muscles squelettiques de deux promoteurs alternatifs de cerveau et de cellules de Purkinje (qui ne sont pas affectés par cette mutation) permet, semble t-il, une expression suffisante de dystrophine pour modérer l'atteinte musculaire des patients inclus dans cette étude.

Concernant la famille initialement décrite par Berko et Swift, une substitution Thr□Ala en position 279 (exon 9) a été identifiée peu après par Ortiz-Lopez (Ortiz-Lopez et coll., 1997). La mutation affecte une région de la dystrophine intervenant dans les interactions avec différentes protéines du cytosquelette telle que l'actine filamenteuse. D'autres mutations furent par ailleurs décrites : substitution dans l'exon 29 (affectant à la fois la structure et la quantité de dystrophine présente dans le sarcolemme) (Franz et coll., 1995), délétions des exons 48-49 et 49-51 (Muntoni et coll., 1995), duplications de séquences intéressant les exons 2 à 7 (affectant l'expression de la protéine et associées à une déficience en alpha-dystroglycane) (Bies et coll., 1997), insertion d'une séquence répétée de type LINE dans la partie 5' non traduite de l'exon 1 chez deux familles japonaises et affectant la transcription de la forme musculaire de la protéine (ARNm indétectable dans le muscle) (Yoshida et coll., 1998) ou enfin, insertion d'une séquence de type Alu affectant la partie 5' de l'exon 11 (Ferlini et coll., 1998). Cette dernière mutation en touchant un site accepteur d'épissage conduit à un ARNm alternatif tronqué et à l'absence de protéine dans le cœur.

Ces mutations ne sont en général pas associées à l'examen clinique à des troubles musculaires. On note cependant systématiquement la présence d'un taux de CPK élevé témoignant d'une atteinte musculaire discrète, ce que confirme l'analyse de biopsies musculaires sur lesquelles on voit souvent une fibrose, des fibres musculaires de taille anormale et une dégénérescence des myocytes.

La dystrophine est une protéine essentiellement connue pour être impliqué dans les maladies de Duchenne et Becker, deux types de dystrophies musculaires associées dans 90 % des cas à des dysfonctions cardiaques, CMD en premier lieu (Melacini et coll., 1999). Ce même gène est par conséquent responsable de trois pathologies différentes.

En considérant ces résultats, certains ont avancé l'hypothèse d'un rôle déterminant dans cette pathologie de la région 5' du gène incluant son promoteur et les régions régulatrices, lesquelles conduisent à une diminution de l'expression cardiaque de la dystrophine ou a une altération de sa fonction (Bies et coll., 1997; Muntoni et coll., 1995).

L'identification de la dystrophine dans la CMD, une forme par conséquent liée au chromosome X, fut la première mise en évidence d'un lien entre la CMD et le cytosquelette.

3.b Les tafazzines

Le gène codant les tafazzines (ou gène *G4.5*) est impliqué dans des cardiomyopathies d'un type particulier puisque comprenant : la CMD infantile liée au chromosome X (D'Adamo et coll., 1997) et les ventricules gauches non compactés, une maladie rare, se manifestant généralement par une hypertrophie ventriculaire gauche, des trabéculations importantes et une altération de la fonction systolique du cœur (Bleyl et coll., 1997; Ichida et coll., 2001). Les trabéculations sont des zones non compactes du tissu myocardique, visibles à l'échocardiographie sous la forme d'une couche endocardique filamenteuse, qui donnent à la surface de l'endocarde une apparence rugueuse. S'agissant de la CMD infantile liée à l'X, celle-ci se caractérise par une apparition très précoce de la maladie conduisant très vite au décès.

Le gène G4.5 code pour une famille de protéines issues d'un épissage alternatif (au moins 10 isoformes). Ces protéines, dont on ignore encore la fonction, sont largement exprimées dans le cœur et le muscle squelettique.

A l'origine, ce gène fut identifié dans le syndrome de Barth qui, à la CMD, associe une myopathie des muscles squelettiques, un retard de croissance, une neutropénie et d'autres anomalies mitochondriales et métaboliques (Bione et coll., 1996).

Tableau n°1 : tableau récapitulatif des gènes identifiés dans la cardiomyopathie dilatée liée au chromosome X.

Les phénotypes associés ne tiennent compte que des symptômes observés à l'examen clinique et non des biopsies ou dosage de CPK réalisés par la suite.

		Locus chromosomique	Protéine	Phénotype associé à la CMD	Auteurs
CARDIOMYOPATHIE DILATEE LIEE A L'X	**Gènes**	1q21.2-q21.3	Dystrophine	Aucun	Muntoni, et coll. 1993 Ortiz-Lopez, et coll. 1997 Milasin, et coll. 1996 Ferlini et coll. 1998 Yoshida et coll. 1998 Bies et coll. 1997 Franz et coll. 1995 Muntoni et coll. 1997
	Loci	Xq28	G4.5-tafazzines	Aucun	D'Adamo et coll. 1997

4. Forme familiale autosomique dominante

Les formes autosomiques dominantes peuvent se présenter de façon isolée ou s'accompagner d'autres troubles : cardiaques, musculaires voire auditifs. Dans les formes isolées ou non, plusieurs gènes ont été identifiés.

4.a Gènes responsables des forme isolées

Le gène codant **l'alpha-actine cardiaque,** fut le premier, en 1998, à être identifié dans la forme isolée et ceci dans le cadre d'une stratégie de recherche gène candidat (Olson et coll., 1998). Dans cette étude, deux familles étaient concernées : dans la première, Olson et coll. identifièrent une mutation faux-sens substituant l'Arginine 312 dans l'exon 5 par une Histidine. Cette mutation fut retrouvée chez quatre membres de la famille dont un porteur sain. Dans la seconde famille, il s'agissait d'une mutation faux-sens également, changeant le Glutamate 361 en Glycine et transmise à trois sujets. Aucune des six isoformes d'actine n'avait jusqu'alors été impliquées dans une quelconque pathologie. Les mutations identifiées ici affectent la région de fixation de la protéine à la bande Z. C'est donc sa capacité d'interaction avec le cytosquelette qui semble altérée et non sa fonction au sein du sarcomère (Olson et coll., 1998). Ultérieurement, une substitution Ala295Ser a été retrouvée dans la CMH (Bonne et coll., 1998; Mogensen et coll., 1999) et affectant un acide aminé situé à la surface de la protéine à proximité du site de liaison de la protéine avec la myosine. Dans le cas présent, contrairement à la CMD, il semble donc que ce soit sa fonction au sein du sarcomère qui soit altérée, affectant, par la même, la production de la force de contraction et non sa capacité de liaison à la bande Z du sarcomère .
Six autres gènes responsables de CMD isolée ont par la suite été rapportés :

Le gène codant la **desmine** tout d'abord dans lequel une mutation (Ile451Met) a été rapportée dans un noyau familial (Li et coll., 1999). Jusqu'alors, la desmine était impliquée dans les myopathies à surcharge en desmine, une maladie marquée par une atteinte à la fois musculaire et cardiaque avec troubles de conduction, insuffisance cardiaque et accumulation de desmine au niveau des fibres musculaires (Goldfarb et coll., 1998).

Le gène codant le **delta-sarcoglycane** ensuite, dans lequel deux mutations à l'état hétérozygote, une substitution Ser151Ala ainsi qu'une délétion ΔLys238, ont été identifiées respectivement dans une famille et un cas sporadique (Tsubata et coll., 2000). Ce gène était, jusqu'alors, impliqué dans la dystrophie musculaire *LGMD2F* dans laquelle plusieurs patients présentent des troubles cardiaques (Moreira et coll., 1998; Nigro et coll., 1996a), ainsi que dans les dystrophies musculaires de Duchenne et Becker. Cependant, dans les cas de CMD présents, les mutations retrouvées ne sont pas liées à un phénotype incluant des signes de dysfonction musculaire, si ce n'est chez un malade porteur de la mutation Ser151Ala, la présence d'un taux légèrement élevé de CPK (isoforme musculaire MM).

Tout récemment, deux mutations ont été identifiées dans le gène codant la **métavinculine** : une délétion Leu954del retrouvée chez un cas sporadique ainsi qu'une substitution Arg975Trp retrouvée dans une famille (Olson et coll., 2002). Olson et coll. (2002) ont de plus montré que les mutations Arg975trp et Leu954del conduisent à une rupture du réseau d'actine F. Ceci pourrait expliquer la désorganisation complète des disques intercalaires observée en microscopie électronique sur des coupes de tissu myocardique provenant de patients porteurs des mutations identifiées. A ce jour, le gène codant la vinculine/métavinculine n'a jamais été associé à une autre pathologie que la CMD. Toutefois, des anomalies dans l'épissage alternatif du gène avaient déjà été rapportées chez un individu atteint d'une CMD avec pour conséquence une absence au niveau cardiaque de la métavinculine et de son ARNm (Maeda et coll., 1997). Le marquage immunohistochimique des cellules cardiaques montrait des disques intercalaires discontinus. Cependant, l'analyse de la séquence de l'exon spécifique (et des jonctions intron-exons) du gène codant la métavinculine chez cet individu n'a révélé aucune mutation.

L'identification des premiers gènes responsables de CMD isolée autosomique dominante suscite la question de la prévalence de ces gènes dans la population de malades, question que nous avons abordée pour ce qui concerne les gènes de l'actine alpha cardiaque et de la desmine et qui a donné lieu à un article (cf.article 2. dans la partie résultats 2ème partie). Néanmoins la prévalence des autres gènes (chaîne lourde bêta de la myosine, métavinculine ...) reste encore à déterminer

L'identification de mutations dans les gènes codant la chaîne lourde bêta de la **myosine**, (Ser532Pro et Phe764Leu), la **troponine T cardiaque** (Δlys210) (Kamisago et coll., 2000) (Arg141Trp) (Li et coll., 2001) et **l'alpha-tropomyosine 1 (Glu54Lys**, Glu40Lys) (Olson et coll., 2001), est plus récente. Des mutations affectant ces trois gènes se retrouvent également dans la CMH. Seule l'identification de la mutation Ser532Pro dans le gène codant la chaîne lourde bêta de la myosine et la mutation Arg141Trp dans celui codant la troponine T font suite à une analyse de liaison génétique préalable ayant permis l'identification préalable du locus morbide.

Enfin, tout récemment, viennent d'être publiées, pour la première fois dans la forme isolée de CMD, des mutations dans le gène codant la **titine** (Gerull et coll., 2002). Deux anomalies ont été rapportées, l'une est une délétion de deux paires de base dans l'exon 326 du gène et conduisant à une protéine tronquée. L'autre est une mutation faux-sens (Trp 930 Arg) identifiée dans la famille MAO, celle-là même qui avait permis l'identification du locus morbide 2q31 *CMD1G* (Siu et coll., 1999). Enfin, Itoh-Satoh et coll. ont à leur tour retrouvé des mutations dans ce gène (Val154Met, Ala743Val, Gln4053ter et Ser4465Asp) (Itoh-Satoh et coll., 2002). Là encore, des mutations affectant ce gène avaient déjà été rapportées dans la CMH. En revanche, les raisons pour lesquelles les sujets porteurs de mutations ne présentent pas d'atteintes musculaires bien que la titine mutée y soit présente restent à éclaircir.

4.b Gènes responsables de formes non isolées (atteinte cardiaque associée à d'autres troubles)

Les formes non isolées sont représentées par des mutations affectant le gène *LMNA* codant les lamines A/C. C'est dans la dystrophie musculaire autosomique dominante d'Emery-Dreifuss que ce gène a été pour la première fois impliqué (Bonne et coll., 1999). Par la suite, sur la base d'analyses de liaisons génétiques (Kass et coll., 1994) et par analogie avec la dystrophie musculaire d'Emery-Dreifuss (dans lesquelles certains malades ne présentent qu'une dilatation cardiaque isolée), Fatkin et coll. (1999) furent amenés à considérer l'implication de ce gène dans la CMD. Cinq mutations (Arg60Gly, Leu85Arg, Asn195Lys, Glu203Gly, Arg571Ser) furent alors identifiées dans cinq familles présentant une CMD avec troubles de conduction sans troubles musculaires (Fatkin et coll., 1999). D'autres mutations ont ensuite été rapportées par d'autres équipes (Glu203Lys, Arg225Stop) (Jakobs et coll., 2001), (Lys97Glu, Glu111X, Arg190Trp, Glu317Lys, insertion de 4pb en position 1713 du ADNc) (Arbustini et coll., 2002). Brodsky et coll. (2000) retrouvèrent également une délétion nucléotidique (nt 959, exon 6) dans une famille atteinte de CMD avec troubles musculaires variables (Brodsky et coll., 2000). En effet, dans cette famille, certains membres présentaient une CMD isolée, tandis que pour d'autres, la description clinique de la maladie rappellait une dystrophie musculaire d'Emery Dreifuss (rigidité de la colonne par exemple) ou une dystrophie musculaire des ceintures.

Ultérieurement, de nombreuses autres mutations dans ce gène ont été décrites comme responsables de la dystrophie des ceintures avec troubles de conduction atrio-ventriculaires (*LGMD1B*) (Muchir et coll., 2000), de la lipodystrophie (*PLD*) (type Dunnigan-Köbberling) (Cao and Hegele, 2000; Shackleton et coll., 2000; Speckman et coll., 2000), de la maladie de Charcot-Marie-Tooth type 2 B1 (De Sandre-Giovannoli et coll., 2002) et de la dysplasie mandibuloacrale (Novelli et coll., 2002) (Figure n°8).

Position des mutations responsables de la dystrophie musculaire d'Emery-Dreifuss

Position des mutations responsables de cardiomyopathie dilatée

Position des mutations responsables de lipodystrophie (type Dunnigan-Köbberling)

Position des mutations responsables de la maladie de Charcot-Marie-Tooth

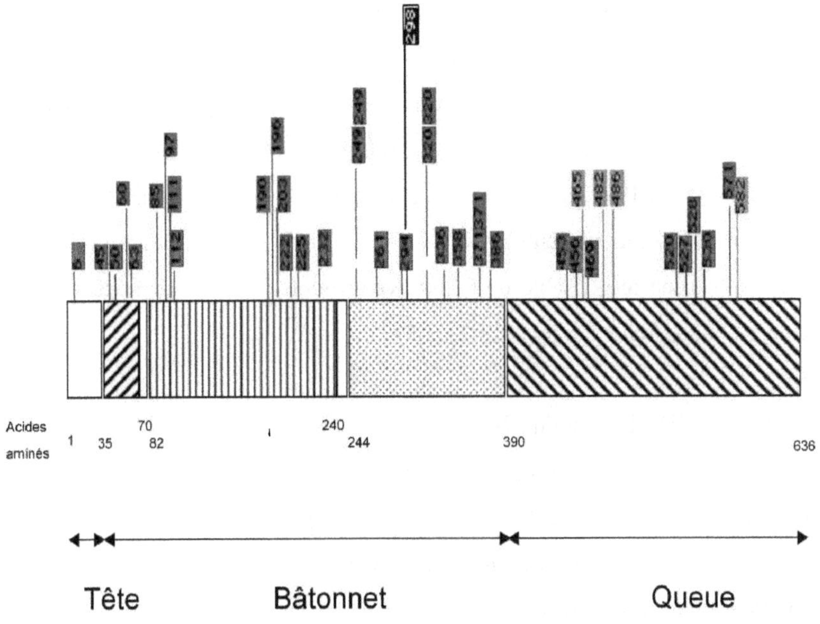

Figure n° 8 : Position des différentes mutations connues dans le gène codant les lamines A/C et responsables de cardiomyopathies dilatées avec troubles de conduction, de dystrophies musculaires d'Emery-Dreifuss, de lipodystrophies (type Dunnigan-Köbberling) et de la maladie de Charcot-Marie-Tooth.

4.c Loci chromosomiques

Il existe plusieurs loci chromosomiques décrits, pour lesquels aucun gène morbide n'est identifié, ce qui laisse présager la découverte prochaine de nombreux autres gènes.

Ainsi, les loci 2q14-22 et 3p22-p25 ont été décrits dans la CMD accompagnée de troubles de conduction (Jung et coll., 1999; Olson and Keating, 1996). Les loci 6q23, 6q23-24 et 10q21-23 sont quant à eux responsables de CMD associées respectivement à des troubles musculaires, à des troubles auditifs et à des prolapsus valvulaires mitraux (Jung et coll., 1999; Komajda, 1996; Schonberger et coll., 2000). Cependant, selon des données récentes présentées lors du congrès de l'American Heart Association 2001 (AHA), le gène responsable de CMD avec troubles auditifs et précédemment localisé en 6q23-24 (Schonberger et coll.,

2000), a été identifié. Il s'agit du gène *EYA4* codant un facteur de transcription dans lequel une délétion de 140 acides animés a été retrouvée (supplément Abstract AHA 2001 de Circulation, Vol 104, N° 17, 2001). A noter que ce gène était déjà impliqué dans une forme familiale autosomique dominante de surdité mais sans atteinte cardiaque (Wayne et coll., 2001).

Dans la forme isolée, on trouve le locus 9q13-22 (*CMD1B*) (Krajinovic et coll., 1995). Comme cela vient d'être évoqué plus haut, le locus 1q32, (*CMD1D* (Durand et coll., 1995)), vient d'être rattaché à une anomalie dans le gène codant la troponine T (Kamisago et coll., 2000; Li et coll., 2001).

Les loci, 9q13-22 et 10q21-q23 comptent également parmi les premiers identifiés. Leur identification remonte aux années 1995-96, ce qui illustre une fois de plus la difficulté des recherches de gènes morbides y compris lorsque la localisation chromosomique est connue. Certaines équipes, notamment Bowles et coll. (2000), sont pourtant parvenus ultérieurement à réduire leur région d'intérêt (moins de 4 cM), grâce notamment à l'analyse de marqueurs génétiques supplémentaires. L'implication de plusieurs gènes candidats positionnels a même été exclue (Annexine 11 *(ANX11)*, Protéine ribosomale

S24 (*RPS24*), canal potassique calcium dépendant *KCNMA1*, protéine A1 associée au surfactant pulmonaire (*SFTPA1*)) mais le gène en cause reste à identifier (Bowles et coll., 2000).

Enfin, il semble qu'un nouveau locus en 9q22-31 couvrant une région de 21 millions de paires de bases ait été identifié dans une famille comportant 14 sujets atteints, sans que l'on sache s'il s'agit d'une forme pure ou associée à d'autres troubles (congrès 2001 de l'AHA et de l'ESC (European Society of Cardiology)).

Tableau n°2 : tableau récapitulatif des gènes et loci chromosomiques identifiés dans la cardiomyopathie dilatée autosomique dominante isolée.

Les phénotypes associés ne tiennent compte que des symptômes observés à l'examen clinique et non des biopsies, ou dosage de CPK réalisés par la suite.

	Protéine	Locus chromosomique	Phénotype associé à la CMD	Auteurs
GENES	Troponine T	1q32	Aucun	Kamisago et coll. 2000 Li et coll. 2001
	Titine	2q24.3	Aucun	Gerull et coll. 2002/ Itoh-Satoh et coll. 2002
	Desmine	2q35	Aucun	Li et coll.1999/ Miyamoto et coll. 2001
	delta-sarcoglycane	5q33	Aucun	Tsubata et coll. 2000
	Métavinculine	10q22	Aucun	Olson et coll. 2002

	Chaîne lourde bêta de la myosine	14q11.2-13	Aucun	Kamisago et coll. 2000
	Actine cardiaque	15q14	Aucun	Olson et coll. 1998
	Alpha-tropomyosine 1	15q22.1	Aucun	Olson et coll. 2001
Loci	Inconnue	9q13	Aucun	Krajinovich et coll.1995
	Inconnue	9q22-q31	Aucun	Jha et coll. (AHA 2001)

Tableau n°3 : tableau récapitulatif des gènes et loci chromosomiques identifiés dans la cardiomyopathie dilatée autosomique dominante non isolée.
Les phénotypes associés ne tiennent compte que des symptômes observés à l'examen clinique et non des biopsies, ou dosage de CPK réalisés par la suite.

		Locus chromosomique	Protéine	Phénotype associé à la CMD	Auteurs
CARDIOMYOPATHIE	**Gènes**	1q21.2-q21.3	Lamine A/C	Troubles de conduction	Fatkin et coll. 1999/Arbustini et coll. 2002
			Lamine A/C	Troubles musculaires divers	Jakob et coll. 2001

			Lamine A/C	Troubles musculaires divers	Brodsky et coll. 2000
	Loci	2q14-q22	Inconnue	Troubles de conduction	Jung et coll. 1999
		3p22-p25	Inconnue	Troubles de conduction	Olson et coll. 1996
		10q21	Inconnue	Prolapsus valv. mitral	Bowles et coll. 1996
		6q23	Inconnue	Dystrophie musculaire	Messina et coll. 1997
		6q23-q24	*EYA4* (Non publié, Congrès AHA 2001)	Troubles auditifs	Schönberger et coll. 2000

A l'ensemble de ces loci, s'en ajoute très vraisemblablemant d'autres. En effet, comme en témoingnent nos travaux effectués sur une grand famille d'origine française et rapportés dans la première partie des résultats (cf. article n°1 dans le chapitre résultats), dans la plupart des cas, la maladie ne peut être rattaché à aucun des gènes et loci morbides connus.

C. IDENTIFICATION DE GENES MORBIDES : PREMIER BILAN

L'identification dans plusieurs familles des premiers gènes responsables de CMD permettent d'ores et déjà de tirer plusieurs conclusions :

1) La CMD est marquée par une importante hétérogénéité phénotypique et génétique.
2) Cette hétérogénéité reflète très probablement l'aspect polygénique de cette maladie. L'implication de gènes de prédisposition, tels que ceux rapportés dans les études d'association, semble vraisemblable.
3) La pénétrance de la maladie n'est pas complète, en particulier chez les sujets jeunes. Ainsi dans les familles présentées par Fatkin et coll. et porteuses de mutations dans

le gène LMNA, on compte un total de 12 sujets porteurs de mutations et néanmoins asymptomatiques. Tous sont âgés de moins de 30 ans. C'est également le cas des sujets asymptomatiques avec mutations dans le gène codant l'actine alpha cardiaque. Le rôle de gènes modificateurs du phénotype ou de facteurs environnementaux est une hypothèse avancée.

4) Mis à part le gène codant la métavinculine, aucun des gènes rapportés dans les différentes formes de CMD, qu'elle soit isolée ou non, n'est spécifique de la maladie. L'ensemble de ces gènes peut en effet conduire à d'autres pathologies, cardiaques, musculaires, voire métaboliques (Figure n°9).

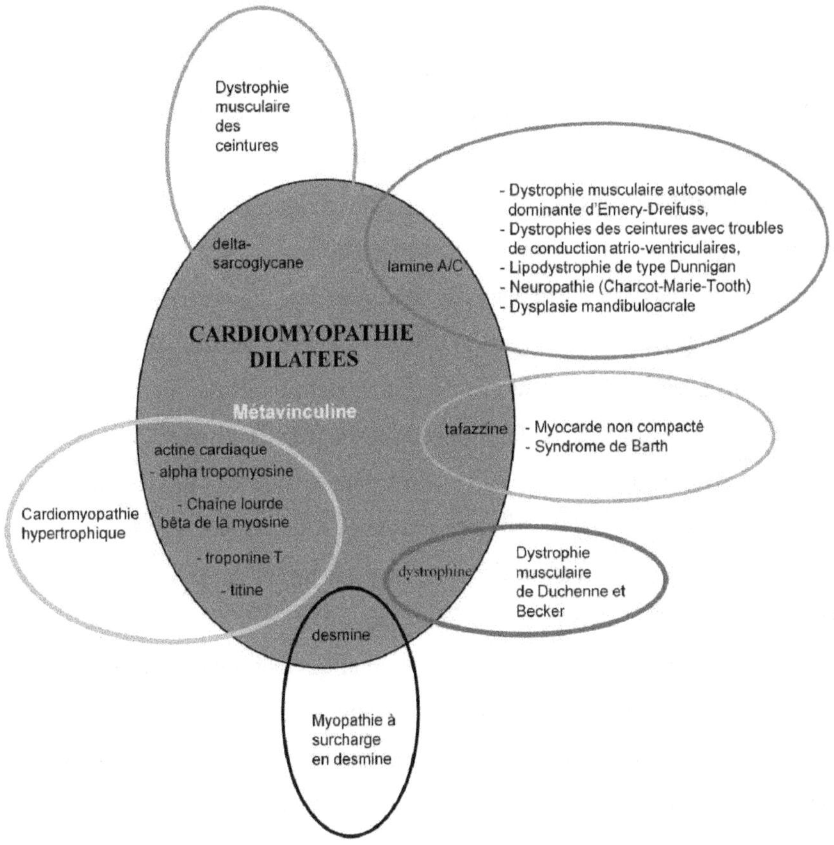

Figure n° 9 : Pathologies ayant des gènes morbides en commun avec la cardiomyopathie dilatée.
Seul le gène codant la métavinculine n'est pour le moment pas relié à une pathologie autre que la cardiomyopathie dilatée

5) Aucun gène majeur ne semble se dégager. A ce jour, c'est dans le gène LMNA que le plus grand nombre de mutations a été retrouvé. En effet, onze familles ont jusqu'ici été rapportées avec des mutations dans ce gène. Cependant, il s'agit de CMD associées à des troubles de conduction et/ou des atteintes musculaires. Or ces formes de CMD restent rares. D'après Mestroni et coll., la CMD avec atteintes

musculaires et la CMD avec troubles de conduction ne concernent respectivement que 7,7 % et 2,6 % des cas (Mestroni et coll., 1999a).

La forme de CMD la plus fréquente reste donc la forme isolée mais les familles concernées par les gènes morbides identifiés à ce jour sont peu nombreuses. Les mutations identifiées dans le gène codant l'actine cardiaque par exemple n'ont été retrouvées que dans deux familles. D'autres équipes ont exploré ce gène sans succès et ce dans des populations d'origine ethnique variée : japonaise, sud-africaine, caucasienne (Mayosi et coll., 1999; Takai et coll., 1999; Tesson et coll., 2000). C'est également le cas du gène codant la chaîne lourde bêta de la myosine identifié dans deux familles seulement sur 21 testées. S'agissant du delta-sarcoglycane, des anomalies n'ont été retrouvées que dans une famille et deux cas sporadiques sur 50 cas sporadiques examinés. La mutation Arg141Trp dans le gène codant la troponine T identifiée par Li et Coll. ne concerne, elle, qu'une seule famille, sur 200 analysées. Enfin, dans l'analyse des gènes codant l'alpha-tropomyosine et la métavinculine, ce sont pas moins de 350 propositus qui ont été examinés. Quant à la desmine, les mutations décrites ne concernent qu'une famille (Li et coll., 1999) ainsi que trois cas sporadiques d'origine japonaise (sur 265 propositus analysés) (Miyamoto et coll., 2001). En conséquence, même si on ne retrouve pas ces variants dans des populations contrôles, on ne peut exclure qu'il s'agisse de polymorphismes rares.

6) Nombre de ces mutations ne concernent que des noyaux familiaux, quand ce ne sont pas tout simplement des cas familiaux isolés voire des cas sporadiques (Actine, desmine, alpha tropomyosine, delta-sarcoglycane). En l'absence d'analyse de liaison génétique préalable ou d'analyse fonctionnelle la relation de cause à effet n'est pas toujours évidente, si bien que certains n'hésitent pas à émettre des doutes quant à la réelle implication dans la maladie de plusieurs de ces mutations, en particulier en ce qui concerne les gènes codant l'actine cardiaque et la desmine (Mayosi et coll., 1999). Ces doutes sont légitimes mais il faut néanmoins considérer que ces mutations sont vraisemblablement associées à un phénotype de CMD sévère à l'origine d'un taux de mortalité élevé. On constate par exemple que la

mutation Ser151Ala du delta-sarcoglycane est associée à un risque de mort subite important. La mutation Phe764Leu du gène codant la chaîne lourde bêta de la myosine est, quant à elle, responsable d'une CMD d'apparition très précoce, dès la naissance ou la petite enfance. C'est également le cas pour la CMD infantile liée au gène codant les tafazzines. Ceci limite donc "l'informativité" des familles et le recours à des stratégies d'analyses de liaison génétique.

7) La proportion importante des formes familiales, de l'ordre de un tiers des cas, rappelle que les proches des patients CMD constituent une population à risque.
8) Le nombre total de familles chez lesquelles une mutation génétique a pu être identifiée (69 au total dont 37 avec un CMD autosomique dominante et 32 avec une CMD liée à l'X) est relativement restreint au regard de la fréquence des formes familiales de la maladie. Cela sous-entend que peu de familles peuvent aujourd'hui bénéficier d'un diagnostic génétique.
9) L'ensemble des données présentées ici soulignent le rôle majeur des protéines du cytosquelette dans le développement de la maladie. Partant de là, tous les gènes codant des protéines de ce cytosquelette peuvent potentiellement être impliqués et constituent d'excellent candidats. Ces arguments nous ont d'ailleurs conduit a nous intersesser à d'autres proétines de ce cytosquelette. De nouvelles mutations ont ainsi on été identifiées dans de nouveaux gènes (cf. 2ème partie des résultats, chapitres B).

En définitive, plusieurs gènes morbides ont été identifiés mais la prévalence des mutations trouvées reste faible. De plus, pour la plupart des cas de CMD sporadiques ou familiaux, les gènes morbides restent à ce jour inconnus. Leur identification reste donc une étape fondamentale.

OBJECTIFS

C'est en 1996 que la campagne nationale de recrutement de familles atteintes de CMD a débuté, coordonnée par le Professeur Michel Komajda.

L'objectif de mon travail a été de déterminer les gènes morbides responsable de CMD chez les patients recrutés au sein de notre laboratoire. A l'époque où ce travail a démarré, aucun gène morbide n'était connu chez l'homme mis à part le gène codant la dystrophine dans la forme liée au chromosome X. Quant aux analyses de liaison génétique, elles n'en étaient dans cette pathologie, encore qu'à leurs débuts.

Deux stratégies de recherche complémentaires l'une de l'autre ont alors été retenues :

1) Des analyses de liaison génétiques pour ce qui était des familles les plus "informatives" suivies d'une approche gènes candidats positionnels centrée sur les loci chromosomiques identifiés.

2) Des analyses de gènes candidats pour l'ensemble des cas familiaux et sporadiques.

Pour réaliser des analyses de liaison génétique judicieuses, nous avons préalablement caractérisé la population CMD à notre disposition, afin de définir les familles les plus "informatives", de préciser le phénotype de chacun des malades et les éventuels troubles associés à la CMD et de définir les paramètres importants pour ce type d'analyse en particulier le mode de transmission de la maladie (cf. chapitre résultats 1ère partie).

Dans les familles les plus informatives, nous avons ensuite cherché à savoir si la maladie dans ces familles pouvait être liée voire potentiellement liée à l'un des loci morbides connu à cette époque (loci 1p1-q1, 1q32, 2q31, 3p22-p25, 6q23, 9q13-q22 et 10q21-q23). Aucun gène n'était alors identifié dans les formes autosomiques dominantes. Pour une grande famille d'origine française, après exclusion de ces loci, nous avons alors cherché à mettre en évidence le locus responsable de la maladie et jusque là inconnu (cf. article 1), afin ensuite de pouvoir envisager une approche gènes candidats positionnels centrée sur cette nouvelle région.

Par ailleurs, en 1998 et 1999, les tous premiers gènes morbides ont été identifiés (gènes codant l'actine alpha cardiaque et la desmine). Nous avons donc immédiatement cherché à savoir si certains de nos patients présentaient une CMD liée à l'un ou l'autre de ces gènes (cf. Article 2). Nous avons, en outre, voulu estimer la prévalence des cas de CMD liés à des mutations dans ces gènes afin de savoir si leur criblage systématique dans la population de patients pouvaient raisonnablement être envisagé.
Enfin, l'évolution, tout au long du travail présenté ici, des connaissances sur la CMD a progressivement révélé l'importance des gènes codant des protéines du cytosquelette et du sarcomère. Par conséquent, dans le cadre de l'approche gène candidat, nous avons également cherché à préciser le rôle dans la maladie de nouveaux gènes codant des protéines associé à ce cytosquelette et/ou ce sarcomère (cf. chapitre résultats 2ème partie).

I. ANALYSE DE LIAISON GENETIQUE

La recherche de la localisation chromosomique de gène morbide dans les familles CMD recrutées dans le laboratoire s'est faite par analyse de liaison génétique. L'étude statistique a été effectuée par la méthode des Lod scores.

A. PRINCIPE

Il s'agit d'analyser la co-ségrégation dans une famille de la maladie étudiée et d'un marqueur génétique dont la localisation sur le génome est connue.

L'analyse de liaison par Lod score est dite paramétrique car nécessite de connaître le mode de transmission de la maladie (autosomique dominant, autosomique récessif ou lié à l'X) et sa pénétrance. L'informativité d'un marqueur se définit par la probabilité pour un individu d'être hétérozygote au locus considéré. Cette informativité peut être évaluée soit par l'hétérozygotie, soit par le PIC.

- le PIC (polymorphism Information Content) se calcul selon la loi de Hardy-Weinberg :

$$PIC = 1 - \sum_{i=1}^{n} pi^2 - 2\sum_{i=1}^{n-1} pi^2 \times \sum_{j=i+1}^{n} pj^2$$

où pi est la fréquence de l'allèle i

Dans le cas d'un système bi-allèlique la formule peut se simplifier par

$$PIC = 1 - (p^2 + q^2 + 2p^2q^2)$$

où p et q sont les fréquences des deux allèles

- l'hétérozygotie se calcule selon la formule suivante :

$$H = 1 - \sum pi^2$$

où pi est la fréquence de l'allèle i

L'analyse de liaison génétique est basée sur l'existence au moment de la méiose de recombinaison (ou crossing-over). Une recombinaison est un échange de matériel génétique entre les chromatides de deux chromosomes homologues au cours de la première division méiotique.

La probabilité d'observer un réarrangement entre les 2 loci chromosomiques dépend de la distance qui sépare ces deux loci. S'ils sont physiquement proches, ils seront transmis ensemble et la probabilité d'observer un évènement de recombinaison entre les deux sera faible. En revanche s'ils sont physiquement éloignés l'un de l'autre, ils ségrègeront de façon indépendante et les évènements de recombinaisons entre les deux seront d'autant plus probables que cette distance sera grande. Dans ce cas, quatre types de gamètes seront obtenus et il sera alors possible d'évaluer la distance entre les deux loci, exprimée en centimorgan (cM) (Figure n°10).

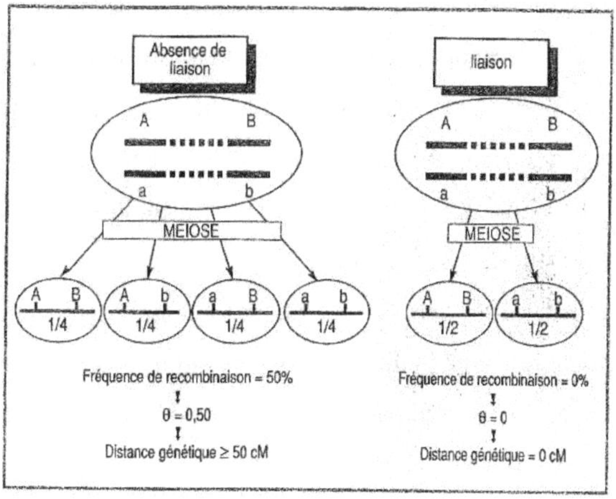

Figure n°10 : Principe de l'Analyse de liaison génétique.

Lorsque les deux loci sont indépendants, ils sont complètement réassortis lors de la transmission. On obtient alors quatre types de gamètes de fréquence égale 1/4, c'est-à-dire une fréquence de recombinaison maximale Thêta=0,5

Dans le cas contraire, c'est-à-dire lorsqu'ils sont génétiquement liés, la fréquence de recombinaison varie entre 0 (aucune recombinaison) et 0,5 (indépendance complète, selon le degré de liaison).

Schéma tiré de "Biologie moléculaire" de Jean Claude kaplan, Marc Delpech, Editions Médecine Science - Flammarion.

Un centimorgan correspondant à une probabilité de 1 % d'observer un évènement de recombinaison entre deux loci chromosomiques au cours d'une méiose. En général, on estime en première approche, que 1 cM représente 1 million de paires de bases. Mais ce chiffre n'est qu'une approximation, car certaines régions chromosomiques sont plus sujettes que d'autres à des recombinaisons. C'est le cas par exemple des télomères où 1 cM représente une distance physique très inférieure.

Un marqueur est un polymorphisme de l'ADN, c'est-à-dire une variation nucléotidique présente dans la population générale avec une fréquence d'au moins 1 % (Thompson & Thompson, Génétique médicale, éditions Flammarion). Il existe différents types de marqueurs polymorphes : 1) les polymorphismes biallèliques (variation ponctuelle d'un nucléotide, polymorphismes d'insertion/délétion tel le polymorphisme I/D du gène codant l'ACE, polymorphismes de restriction qui font apparaître ou disparaître un motif nucléotidique reconnu par une endonucléase de restriction) 2) les polymorphismes de répétition (répétitions d'une séquence nucléotidique; le nombre de répétitions étant caractéristique d'un allèle). Les minisatellites ou les microsatellites sont des exemples de polymorphismes de répétitions.

Les analyses de liaison génétiques ont été et sont encore très fréquemment utilisées dans l'étude des maladies monogéniques et des maladies complexes et ceci grâce au développement, ces quinze dernières années, des techniques de biologie moléculaire (PCR, séquençage) et de la découverte de marqueurs très polymorphes tels que les microsatellites. Des cartes génétiques détaillées (c'est-à-dire fondées sur les fréquences de recombinaison méiotiques) ainsi que des cartes physiques répertoriant la position de ces marqueurs, ont alors été établies (Dib et coll., 1996).

Le degré de liaison entre le marqueur et la maladie est évalué par une analyse statistique paramétrique c'est-à-dire nécessitant au préalable de connaître approximativement plusieurs paramètres comme la fréquence de l'allèle délétère, le taux de phénocopie ou encore la pénétrance de la maladie. Cette méthode dite des Lod scores a été établit en 1955 par Morton.

Le calcul par Lod score est un calcul de probabilité qui évalue la probabilité du logarithme décimal du rapport de deux hypothèses :

Hypothèse 1 : le gène et le marqueur choisi ne sont pas transmis indépendamment. Les haplotypes sont stables au cours de la descendance. Les loci sont donc génétiquement liés et le taux de recombinaison est alors < 0,5 :

Thêta < 1/2

Hypothèse 2 : le gène et le marqueur choisi sont transmis de façon indépendantes. Le taux de recombinaison est alors égal à 0,5 :

Thêta=1/2

thêta = Nombre de gamètes recombinés/ Nombre de gamètes transmis

Le rapport de vraisemblance (L) de ces deux hypothèses est exprimé par le logarithme décimal suivant ou Lod score:

$$\mathbf{Z}\ (\text{Thêta}) = \log_{10} (L_{\text{Thêta}} / L_{\text{Thêta} = 0,5}),$$

ou encore **Z** (Thêta) = (gène et marqueur liés) / (gène et marqueur non liés)

Le calcul de Z est effectué pour toutes les valeurs de Thêta entre 0 et 0,5

Il y a alors trois cas de figure :

- **Z ≥ 3**:

l'hypothèse H1 est au moins 1000 fois plus probable que la seconde ; c'est la limite inférieure à partir de laquelle on admet que ce rapport est statistiquement significatif. Gène et marqueur sont génétiquement liés

- **Z ≤ -2**:

Cela signifie que l'hypothèse H2 est au moins 100 fois plus probable que la première; il n'y a pas de liaison; le gène et la maladie ségrègent de façon totalement indépendante.

- **-2 < Z< +3:**

Il n'est pas possible de trancher entre l'une ou l'autre des deux hypothèses. Dans ce cas, il faut soit utiliser de nouveaux marqueurs plus informatifs, soit recruter des membres supplémentaires de la famille afin d'augmenter le nombre de méioses sur lesquelles s'appuient le calcul et confirmer l'une ou l'autre des deux hypothèses. Il est également possible si l'on dispose de plusieurs familles, d'additionner les Lod scores de chacune d'entre elles. Cela n'est évidemment possible que si les familles sont homogènes du point de vue génétique (c'est-à-dire liées au même locus), ce qui n'est pas sans poser quelques problèmes quand la maladie est génétiquement hétérogène comme c'est le cas dans la CMD.

En pratique les Lod scores sont calculés pour différentes fréquences de recombinaison, indiquant ainsi la distance génétique pour laquelle l'hypothèse est la plus probable, c'est-à-dire lorsque le Lod score est le plus grand.

B. MATERIEL

1. Marqueurs microsatellites

Dans notre étude, les marqueurs chromosomiques utilisés sont des marqueurs microsatellites. Il s'agit de répétitions de courtes séquences, le plus souvent CA dans des régions non codantes du génome. Ils présentent l'avantage d'être nombreux (>5200 sur les cartes du Généthon (Dib et coll., 1996)), très polymorphes et très bien cartographiés.

La première étape du génotypage consiste à amplifier par PCR (Polymerase Chain Reaction) les différents marqueurs microsatellites.

La seconde étape consiste à identifier les allèles chez chacun des individus. Deux techniques ont été utilisées au cours de ce travail, une méthode dite abusivement “manuelle” avec révélation par chimioluminescence et une technique recourant à une révélation par fluorescence. Dans les deux cas, l'identification des allèles se fait par séparation en électrophorèse sur gel de polyacrylamide.

2. Génotypage

Dans ce travail, la technique automatique par fluorescence a été utilisée pour réaliser le criblage complet du génome de l'une des familles de notre panel, la famille 9800. Ce travail a été effectué dans les locaux du laboratoire Généthon, à Evry (Essonne).

La technique dite manuelle a permis l'étude dans l'ensemble des familles les plus "informatives", des loci déjà identifiés. Elle a également permis de réduire et de borner la zone de liaison identifiée dans la famille 9800 après l'exploration complète du génome.

2.a Génotypage manuel

L'amplification par PCR a été réalisée essentiellement dans les conditions suivantes : 95°C, 4 min, puis 35 cycles de 94°C, pendant 40 sec, 55°C pendant 30 sec et 72°C pendant 2 min. Elongation finale à 55°C pendant 10 min. PCR avec 32 ng d'ADN, $[MgCl_2]_{finale}$ = 2mM, $[\text{amorces Sens + Antisens}]_{finale}$ = 0,6mM, didéoxynucléotides triphospahtes $[dNTP]_{finale}$ = 0,13mM, 0,5 Unité de la taq polymérase Eurobio I (Eurobio) par réaction, tampon tris Eurobio (670 mM Tris HCl pH 8,8; 160 mM $(NH_4)_2)SO_4)$; 0,1 % Tween 20) à 1X final. Il s'agit de conditions générales, efficaces pour la plupart des marqueurs microsatellites qui ont été amplifiés au cours de ce travail. La séparation des allèles se fait par migration en électrophorèse sur gel dénaturant de polyacrylamide urée 6 % (acrylamide/bisacrylamide 37,5/1). Ce type de gel, très résolutif est en effet capable de discriminer deux fragments d'ADN dont les tailles ne diffèrent que de deux nucléotides. A la fin de la migration, on réalise un transfert (durée : 1 heure minimum) des allèles séparés et contenus dans le gel sur membrane de Nylon (membrane Hybond N^+ de chez Amersham Pharmacia Biotech ref : RPN303B). Cette membrane est ensuite hybridée à l'aide d'une sonde spécifique des microsatellites (séquence nucléotidique de CA 20 mers allongé) et couplée à une enzyme, la peroxidase.

- L'allongement de la sonde se fait par mélange des réactifs suivants : $[\text{Oligo 20 mers}]_{finale}$ = 1,56 μM, $[\text{cacodylate de K, pH = 7,6}]_{finale}$ = 196 mM, $[\text{dithiothreitol}]_{finale}$ = 98 μM, didéoxynucléotides triphospahtes $[dNTP]_{finale}$ = 196 μM, dichlorure de cobalt $[Cocl_2]_{finale}$ = 980 μM, Terminale transférase Boehringer = 75 U. Le tout est incubé 4 à 5 heures à 37°C. Arrêt de la réaction par ajout d'EDTA à la concentration finale = 9,8 mM. Purification sur colonne Bio-Spin 30 (Bio-rad, Richmond, CA, 732-6006).
- Le couplage de la sonde (300 ng) à la péroxidase utilise du glutaraldéhyde, de la peroxydase (dans les conditions proposées par le Kit Amersham Pharmacia Biotech ref : RPN 3005) pendant 10 min, à 37°C. Arrêt de la réaction dans la glace.

- Révélation de l'ADN fixé sur la membrane et lecture sur films autoradiographiques Kodak X-OMAT AR.

2.b Génotypage automatique

Les amorces utilisées au moment de la PCR pour amplifier chaque marqueur sont couplées à des fluorochromes de couleurs différentes : vert, jaune ou bleu. Contrairement à la méthode par chimioluminescence il est possible de déposer sur le gel de polyacrylamide urée jusqu'à trois marqueurs de même poids moléculaire dès lors que la couleur d'émission du fluorochrome auxquels ils sont couplés est différente. Douze marqueurs (4 par fluorochrome) peuvent ainsi être déposés dans chaque puits du gel d'acrylamide urée.

Les gels de génotypage sont installés sur des séquenceurs automatiques (ABI Prism 377, Applied Biosystem), capables de détecter lors de la migration en électrophorèse la fluorescence des différents fluorochromes ainsi que leur intensité. L'ensemble est couplé à un ordinateur qui recueille les données. Après l'analyse informatique, les résultats s'obtiennent sous forme de graphiques sur lesquels chaque pic correspond à la détection de la fluorescence associée à un allèle amplifié.

Les produits de la réaction de PCR (amplification PCR = 92°C-10 min, puis 3 cycles à 91°C-40 sec et 69°C-30 sec, 3 cycles à 90°C-40 sec et 64°C-30 sec, 3 cycles à 89°C-40 sec et 59°C-30 sec, puis 32 cycles à 89°C-40 sec et 55°C-30 sec) sont déposés sur des gels de séquence de polyacrylamide urée, installés dans les séquenceurs. Les données sont alors recueillies et traitées à l'aide de deux logiciels.

A l'aide du premier de ces logiciels, *Genscan*, nous avons calibré les données recueillies afin de convertir les pics de fluorescence initialement en nombre de scan (1 scan = 1 balayage du laser du séquenceur) en paires de bases (utilisation d'un marqueur de taille).

A partir du fichier de sortie de *Genscan*, nous avons effectué la visualisation des données grâce à *Genotyper*. Ce second logiciel convertit pour chaque puits les informations issues de Genscan en graphes sur lesquels chaque allèle apparaît sous forme de pics de fluorescence. Il permet ensuite d'annoter sous chaque allèle le poids moléculaire (en nucléotides).

C. ANALYSE STATISTIQUE

1. Paramètres utilisés, logiciels

Les calculs de Lod scores ont été réalisés à l'aide du logiciel MLINK version 5.2 (centres infobiogen : http://www.infobiogen.fr et HGMP : http://www.hgmp.mrc.ac.uk/) avec les paramètres suivants :

- Modèle autosomique dominant
- fréquence de l'allèle morbide = $3{,}0.10^{-4}$ (estimation effectuée d'après la prévalence de la maladie mais ne tenant pas compte de l'hétérogénéïté de la CMD)
- classe unique de pénétrance de 90 % en première approche
- fréquence allèlique identique pour chaque allèle du marqueur analysé.
- maladie non liée au sexe.
- pas de différence du taux de recombinaison entre les sexes.

En première approche, c'est un modèle standard de calcul qui a été utilisé, dans lequel la pénétrance a été fixée à 90 % comme indiqué ci-dessus. En cas de Lod scores significatifs (> 3), nous avons modulé la pénétrance et les fréquences allèliques. Des valeurs de pénétrance plus faibles ont alors été essayées (75 %, 60 %), de même que plusieurs classes de pénétrance, notamment en fonction de l'âge : 35 % pour les patients < 18 ans, 37 % de 18 à 39 ans, 96 % de 40 à 60 %, 100 % pour les patients > 60 ans (Mangin et coll., 1999). La pénétrance dans la CMD familiale est en effet un paramètre important puisque elle est variable avec l'âge.

En première approche, pour chaque marqueur, la fréquence de chacun des allèles a été supposée identique. En réalité, pour une majorité des marqueurs, des valeurs de fréquences pour chaque allèle sont disponibles. Celles-ci ont été calculées sur une population témoin du CEPH (Centre d'étude des polymorphismes humains, banque de données du Généthon). Dans notre étude cependant, le calcul n'a été affiné à l'aide de ces valeurs que lorsque avec les premiers paramètres, une région d'intérêt semblait se dessiner. Le but étant, en effet, d'essayer de se rapprocher au maximum de la valeur réelle de la fréquence des allèles dans la population. Cependant, on ne peut être certain que les familles du CEPH soient représentatives de la population étudiée (Article n°1). Multiplier les calculs avec des valeurs différentes pour chacun des paramètres permet de vérifier la robustesse du résultat ce qui est essentiel dans la mesure où la valeur exacte de ces paramètres ne sont a priori pas connus.

Enfin, les Lod scores sont calculés pour des valeurs de thêta différentes, ce qui permet d'établir, lorsque le Lod score est négatif, une zone d'exclusion de liaison autour du marqueur. En se plaçant à Z = -2, la valeur de thêta correspondante permet d'estimer la distance, en cM de part et d'autre du marqueur, pour laquelle on peut éliminer de façon statistiquement significative la possibilité d'une liaison génétique (l'hypothèse H2 de non liaison génétique entre le marqueur et la maladie est au moins 100 fois plus probable que H1).

2. Estimation de la pénétrance

La pénétrance se définit comme le nombre d'individu exprimant la maladie, divisé par le nombre de porteurs du gène délétère.

Concernant la famille 9800 dont le génome a été complètement exploré, deux modèles de pénétrance ont été retenus pour l'analyse de tous les marqueurs analysés : un modèle de 90 % dans un premier temps puis un modèle de pénétrance de 60 % estimé selon la méthode de Johnson et coll. (Johnson et coll., 1996). En effet, l'analyse de l'arbre généalogique de cette famille et de la répartition des sujets atteints a montré une proportion de sujets atteints très en deçà (en particulier dans les générations les plus jeunes) de celle attendue dans le cas d'une maladie à transmission autosomique dominante. Pour estimer la pénétrance, nous considérons donc le nombre de sujets à risque d'hériter la maladie (c'est-à-dire les apparentés au premier degré d'un sujet atteint). Le propositus est exclu pour éviter tout biais statistique (Cupples et coll., 1989). Ce nombre est divisé par deux (le risque dans les maladies autosomiques dominantes d'hériter la maladie de parents atteints est en effet de 50 %). Le rapport du nombre de sujets cliniquement atteints sur la valeur ainsi obtenue donne une approximation de la pénétrance. En appliquant ce calcul à la famille 9800, on obtient

28 apparentés au premier degré de parents atteints. Neuf sujets sont cliniquement atteints (les sujets cliniquement douteux ne sont pas comptés), d'où la valeur arrondie de (9-1)/(28/2) = 58 %. Dans les calculs, nous avons donc pris la valeur de 60 %. Cette valeur est confortée par les estimations de pénétrance effectuées sur un ensemble de familles qui retrouvaient une pénétrance globale de 66 % (72 % dans la population adulte et 35 % chez les enfants) (Mangin et coll., 1999).

3. Estimation de "l'informativité" des familles : Lod score simulé maximal

Avant toute analyse expérimentale, nous avons cherché à connaître parmi les familles de notre panel, celles pouvant faire l'objet d'analyse de liaison génétique. Ceci revient à estimer “l'informativité” d'une famille c'est-à-dire la probabilité d'obtenir avec cette famille des valeurs de Lod scores significatifs en cas de liaison. Nous avons donc calculé pour les plus grandes d'entre elles, la valeur maximale de Lod score que l'on peut obtenir expérimentalement ou Lod score maximal. Pour cela, l'opération suivante est effectuée : on répartit le plus aléatoirement possible sur l'arbre généalogique de la famille étudiée, quatre allèles notés par exemple de 1 à 4. L'un des allèles est désigné arbitrairement comme l'allèle lié et est alors systématiquement attribué aux individus atteints et uniquement à eux. Les autres allèles sont distribués aux autres sujets de façon aléatoire mais en respectant les lois de Mendel. De cette façon, on simule une liaison "idéale", entre un marqueur et une maladie de pénétrance complète. Les données sont ensuite analysées avec le logiciel MLINK de la même façon qu'un marqueur réel.

II. ANALYSE DE GENES CANDIDATS

A. PRINCIPE

Les Lod scores sont additifs. Ceci signifie qu'il est en théorie possible de cumuler les valeurs de Lod scores issues de plusieurs familles, ce qui revient à augmenter le nombre de méioses analysables. Cependant, ceci suppose une certaine homogénéité génétique de la maladie, condition qui, dans la pathologie qui nous intéresse ici, n'est pas remplie. Pour identifier des gènes morbides, il est alors nécessaire de recourir à d'autres types de stratégie de recherche, parmi lesquelles l'une des plus courantes est l'analyse de gènes candidats.

Cette stratégie consiste à sélectionner un gène en fonction de son rôle potentiel dans la pathologie étudiée puis à analyser sa séquence. Un gène candidat est, en effet, un gène dont le produit d'expression est potentiellement impliqué dans la maladie.

Dans notre étude, les trois principaux critères qui ont gouverné le choix de gènes d'intérêt à analyser ont donc été :

1) Le rôle dans la physiologie du cardiomyocyte et la localisation au sein de cette cellule cardiaque de la protéine codée par le gène
2) La connaissance d'anomalies génétiques précédemment rapportées dans ce gène, soit chez l'homme et conduisant à des troubles cardiaques, soit dans un modèle expérimental de cardiomyopathie ou d'insuffisance cardiaque
3) Sa localisation chromosomique.

B. METHODES

1. SSCP (Single Strand conformation Polymorphism)

La SSCP consiste à détecter une variation de séquence dans un fragment d'ADN. En effet, une variation même ponctuelle d'un brin d'ADN modifie potentiellement la conformation secondaire de ce brin et induit en électrophorèse sur gel non dénaturant un profil de migration différent d'un brin contrôle. Pour chaque gène, les exons, incluant les jonctions introns-exons, sont donc amplifiés par PCR sous forme de fragments de taille compatible avec cette technique (c'est-à-dire compris entre 150 et 350 pb). Les produits PCR sont ensuite additionnés à du bleu de charge (produit PCR 2 à 4µl + bleu de charge qsp 15 µl) (Bleu de charge = bleu de Bromophénol 14,5 mM, Bleu de Cyanol de Xylène 18,5 mM et Saccharose 1 %) puis déposés après 5 minutes de dénaturation à 95°C sur des gels 10x10 cm non dénaturants à 10 % d'acrylamide/bisacrylamide 37,5/1. Après électrophorèse (migration sous 8 mA, 300 volt pendant 3 à 6 heures selon la taille des fragments PCR, migration dans des cuves d'électrophorèse thermostatées sous deux températures de migration différentes : 10 et 20°C), les fragments de PCR sont visualisés par coloration à l'argent (Kit de fixation –

coloration -révélation Plus One DNA Silver Staining Amersha-Pharmacia). (Technique SSCP : Détection du polymorphisme dans l'ADN, application en biologie et médecine diagnostique, épidémiologique et pronostique, E. Desmarais, S. Vigneron, C. Buresi et G. Roiziès aux éditions INSERM). L'analyse se fait en présence d'au minimum un échantillon provenant d'un individu contrôle. Chaque échantillon PCR présentant un profil SSCP différent est ensuite analysé par séquençage direct.

Lorsqu'une variation de séquence est observée, nous vérifions :

- Qu'elle est transmise à tous les autres individus atteints de la famille. Vérification réalisée soit par la même technique de SSCP, soit par séquençage direct du fragment d'ADN comportant le variant génétique, soit par RFLP (technique décrite ci-dessous)
- que cette variation est absente d'une population contrôle comportant au moins 100 individus (200 chromosomes) sains non-apparentés et de même origine ethnique. En effet, on estime généralement qu'une variation génétique est un polymorphisme de l'ADN lorsque sa fréquence dans la population est d'au moins 1 % (Thompson & Thompson, Génétique médicale, éditions Flammarion). Cette valeur est communément admise même s'il existe certains polymorphismes très rares qui ne sont pas des mutations.

2. Séquençage direct

Le séquençage de l'ADN est le moyen ultime de détection des variations génétiques pouvant exister d'un génome à l'autre. Grâce à l'abaissement des coûts et à une plus grande automatisation, cette technique s'est considérablement développée ces dernières années. Dans le cadre de l'étude présentée ici, nous avons eu recours au séquençage direct (c'est-à-dire sans sous clonage dans un vecteur) des produits d'amplification PCR. Cette technique du séquençage automatique est dérivée de la méthode enzymatique décrite par Sanger et coll. (Sanger et coll., 1977).

Dans le cadre de notre étude, les séquences ont été obtenues sur séquenceur automatique à 16 capillaires ABI Prism 3100 (Applied Biosystem). La purification des produits PCR s'est faite sur plaque MAHV N45 (Millipore) contenant une résine P 100 fine (Biorad réf : 150-4174) et la réaction de séquence à l'aide du Kit de séquençage : DNA sequencing Big Dye Terminator version 2.0 (Applied Biosystem). Conditions : [Tampon 5X)]$_{finale}$= 0,75 X, produit PCR 2 à 4 µl, [amorce (R ou F)]$_{finale}$=1 µM, H_2O qsp 10 µl. Réaction de séquence : 25 cycles à 96°C-10 secondes, 50°C-5 secondes, 60°C-4 minutes). Purification des produits de réaction de séquence sur plaque MAHV N45 (Millipore) contenant une résine séphadex G 50 (Amersham Pharmacia).

3. Analyse de population contrôle par RFLP

Pour la recherche dans la population contrôle des variants identifiés, outre le séquençage ou l'analyse des profils SSCP, nous avons également eu recours à la technique de digestion enzymatique. En effet, certaines variations génétiques créent ou suppriment un site de restriction (RFLP, Restriction Fragment Length Polymorphism), c'est-à-dire un motif nucléotidique reconnu par une endonucléase de restriction. On amplifie donc chez chaque sujet contrôle le fragment d'ADN dans lequel la variation a été retrouvée. On digère ensuite le produit de réaction PCR par l'endonucléase de restriction choisie. L'identification des individus présentant la variation génétique se fait alors par comparaison des profils de migration en électrophorèse sur gel d'agarose (1 à 4 %) des produits de digestion.

C. CALCUL DE LA FREQUENCE DES VARIATIONS NUCLEOTIDIQUES IDENTIFIEES.

La recherche dans une population contrôle des variants génétiques identifiés a été effectuée :

1) si le variant identifié modifie la séquence de la protéine ou pour le cas du phospholamban cardiaque s'il est situé dans la région 5' non traduite

2) pour les cas familiaux, s'il ségrège bien avec la maladie dans la famille étudiée.

La fréquence des allèles a été estimée d'après les génotypes des individus de la population de propositus analysée (basés sur les profils SSCP, les profils RFLP ou le séquençage) ainsi que les génotypes des sujets issus d'une population contrôles lorsqu'une telle population a été analysée.

III. CAMPAGNE DE RECRUTEMENT

A. RECRUTEMENT

L'ensemble des familles et des cas sporadiques sur lesquelles ont portés les travaux présentés ici, a été recruté dans le cadre de la campagne nationale de prélèvement coordonnée par le professeur M. Komajda et réalisée par le docteur Laurence Mangin dans un premier temps, relayée ensuite par le docteur Abdelaziz Benaïche. La majorité des patients provient du service de cardiologie de l'hôpital de la Pitié-Salpêtrière à Paris. Quelques patients cependant ont été adressés au laboratoire par plusieurs cardiologues appartenant au groupe de travail "CMD" de la Société Française de Cardiologie.

Après consentement, les individus ont été inclus dans l'étude sur la base d'un examen cardiologique complet et détaillé ci-après. Le diagnostic a été validé par les docteurs Philippe Charron et Abdelaziz Benaïche. Un prélèvement sanguin en vue d'une extraction d'ADN a été systématiquement effectué sur chaque personne examinée. Les individus inclus en priorité dans l'étude sont les personnes atteintes ainsi que leurs apparentés au premier degré c'est-à-dire leurs enfants, parents et frères et sœurs. La campagne de prélèvement se poursuit actuellement, si bien que le nombre d'individus par famille ainsi que le nombre de familles disponibles ne cessent d'augmenter.

B. DIAGNOSTIC CLINIQUE

Le diagnostic repose sur un examen clinique complété d'une échocardiographie qui en constitue l'examen fondamental. Cette échocardiographie peut être complétée par une coronarographie, en particulier lorsque une maladie coronaire est suspectée.

1. Critères d'inclusion

Pour établir le statut de chaque individu, des critères dits "majeurs" et "mineurs" ont été définis.

Les critères majeurs sont :

- Une fraction d'éjection inférieure à 45 %
- Un diamètre télédiastolique du ventricule gauche supérieur de 17 % à la valeur attendu. Cette valeur étant indexée à l'âge et à la surface corporelle de l'individu.

Critères mineurs sont :

- Une fraction d'éjection inférieure à 50 %
- Une fraction de raccourcissement inférieure à 28 %
- Une dilatation du ventricule gauche supérieure de 12 % à la valeur du volume attendu
- Des troubles de la conduction inexpliqués
- Une arythmie supra ventriculaire ou ventriculaire inexpliquée
- Des cas de mort subite ou d'accident vasculaire cérébrale avant l'âge 50 ans dans l'histoire familiale.

Pour qu'un patient soit déclaré atteint, il faut :

- soit réunir deux critères majeurs.
- soit réunir trois critères mineurs.
- soit réunir un critère mineur et avoir un diamètre télédiastolique du ventricule gauche supérieur de 17 % au volume attendu.

Le patient est classé cliniquement sain si aucune de ces trois conditions n'est remplie et douteux s'il ne présente qu'un ou deux critère(s) mineur(s).
Ces critères ont été établis par un groupe de travail européen (Mestroni et coll., 1999b).

2. Les critères d'exclusion

Le diagnostic final de CMD génétique est prononcé lorsque toutes les autres causes de dilatation sont écartées : maladie coronarienne, systémique ou du péricarde, maladies cardiaques congénitales, hypertension artérielle systémique, alcoolisme. Ces pathologies peuvent en effet provoquer une CMD.
Enfin, le caractère familial de la maladie n'est retenu que s'il existe au moins deux apparentés au premier degré atteint dans la famille du patient. Sont alors inclus dans

l'étude, tous les sujets atteints ainsi que les apparentés au premier degré des sujets atteints (parents, frères et sœurs, enfants).

IV. POPULATION ETUDIEE

A. DANS LES ANALYSES DE LIAISON GENETIQUE

La famille soumise à un criblage complet du génome se compose de 51 sujets prélevés et diagnostiqués et répartis sur trois générations. Sur la base de l'examen clinique et avant toute analyse génétique, neuf d'entre eux ont été classés atteints et sept douteux en raison d'anomalies cardiaques mineures (fraction d'éjection abaissée ou dilatation ventriculaire gauche isolée) ou en raison de la présence de facteurs confondants tels que une maladie coronaire.

Neuf autres familles de taille plus réduite (moins de 18 sujets prélevés) ont également fait l'objet d'analyses de liaison génétique centrées sur des régions ou loci chromosomiques préalablement identifiés, (Tableau n°4 et 4bis).

Tableau n°4 : Liste des marqueurs microsatellites utilisés (Dib et coll. 1996) pour vérifier l'implication potentielle des loci chromosomiques préalablement identifiés.

		Régions chromosomiques							
		1p1-q1	1q32	2q31	3p22-p25	6q14-q21	6q23	9q13-q22	10q21-q23
Marqueurs	Région centromèrique ↓	D1S252/D1S440	D1S471	D2S364	D3S1263	D6S1652	D6S262	D9S175	D10S195
		D1S305	D1S491	D2S116	D3S1583	D6S1570	D6S457	D9S153	D10S 556
			D1S414	D2S117		D6S6462		D9S152	D10S1699
			D1S425	D2S307		D6S300			D10S1752
			D1S505	D2S157		D6S268			D10S605/
									D10S569
				D2S2382					D10S1677
									D10S201
									D10S1786
									D10S1686
									D10S1658
	Région								D10S1769
	télomèrique								D10S541

Tableau n°4bis : Liste des marqueurs microsatellites utilisés (Dib et coll. 1996) pour vérifier l'implication potentielle du locus chromosomique identifié en 6q12-q16 dans la famille française 9800

Région morbide	6q14-q21
Marqueurs microsatellites	D6S1652 D6S1570 DS6462 D6S300 D6S268

B. DANS L'APPROCHE GENE CANDIDAT

L'analyse des gènes candidats codant le phospholamban cardiaque, les bêta et delta sarcoglycane, la protéine ZASP et l'alpha actinine cardiaque, a porté sur une population composée de 127 sujets, tous atteints de la maladie, accompagnés de 4 témoins servant de contrôle interne lors des expérimentations. Parmi ces patients, on compte 86 cas familiaux et 41 cas sporadiques. Pour certaines familles de grande taille et présentant plusieurs noyaux atteints par la maladie, deux sujets ont été inclus dans l'étude. Au total, on peut donc considérer que ce sont 58 familles et 41 cas sporadiques qui ont ainsi été analysés, soit un total de 99 sujets indépendants.

L'analyse des gènes codant la desmine et l'actine cardiaque s'est faite sur une population plus réduite, le recrutement à l'époque n'en n'était, en effet, qu'à ses débuts. Cette population se compose de 43 cas familiaux et 43 sujets sporadiques (22 cas sporadiques pour la desmine), parmi lesquels se trouvaient 12 sujets prélevés en Italie dans le cadre d'une collaboration et 74 sujets recrutés en France. Ces 74 sujets ont ensuite été inclus dans la population utilisée pour l'étude des autres gènes candidats cités ci-dessus.

Précisons toutefois que parmi les cas sporadiques se trouvent très certainement des formes familiales mais les informations familiales manquantes ou incomplètes nous empêchent de les classer comme tel. Concernant les cas familiaux, les sujets étudiés sont dans plus de 75 % des cas, les propositus (cas index) des familles.

Population contrôle

La population contrôle est constituée d'au moins 100 individus d'origine caucasienne non apparentés et sans trouble cardio-vasculaire connu.

Seule une variation génétique identifiée dans le gène codant l'alpha actinine cardiaque a nécessité le recours à une population contrôle plus large de 484 sujets incluant 206 sujets d'origine caucasienne, 176 sujets d'origine thaïlandaise et 102 sujets d'origine chinoise.

V. OUTILS INFORMATIQUES

DETERMINATION DE L'ORGANISATION DES GENES

L'analyse de la séquence des différents gènes qui ont été étudiés dans le cadre de ces travaux comprenait systématiquement la séquence des jonctions introns-exons des gènes. On sait en effet que des mutations dans ces régions peuvent induire un bouleversement de l'épissage du gène. Ceci nécessite par conséquent de choisir les oligonucléotides servant d'amorces pour la réaction d'amplification par PCR dans les parties introniques du gène. Lorsque l'organisation introns-exons du gène n'est pas connue, il est possible de la déterminer en alignant, c'est-à-dire en comparant à l'aide d'un algorithme de calcul (BLAST) la séquence de l'ARNm avec la séquence génique. Ceci permet de retrouver sur la séquence génique la position de chacun des exons et parallèlement de repérer sur la séquence des transcripts la position des différents exons constituant le gène. Les organisations génomiques de plusieurs des gènes étudiés ici ont été retrouvées de cette façon, en particulier concernant les gènes codant la protéine ZASP et l'enzyme malique.

BLAST est disponible sur les sites Internet bio-médicaux suivants :

http://www.ncbi.nlm.nih.gov/

http://www.sanger.ac.uk/

http://www.infobiogen.fr

http://genome.ucsc.edu/

http://www.hgmp.mrc.ac.uk/

Par ailleurs, les sites des centres NCBI et de Sanger comportent également des bases de données sur les gènes ce qui nous a permis de rechercher la fonction et les profils d'expression des différents gènes candidats que nous avons étudiés ainsi que les références bibliographiques les concernant. Pour ce type d'information, soulignons également les sites suivants :

http://www.expasy.ch/

http://bisance.citi2.fr/GENATLAS/welcome.html

Les séquences et les données relatives aux marqueurs microsatellites utilisés dans le cadre des analyses de liaison sont disponibles sur le site du centre NCBI

Nous avons également eu recours à des logiciels de prédiction de structure des protéines. Ceux-ci sont inclus dans le programme PIX disponibles sur le centre du Human Genome Mapping Project. Resource Centre (HGMP) : (http://www.hgmp.mrc.ac.uk/).

Pour la prédiction de structure secondaire des ARN, nous avons utilisé le programme RNA mfold disponible sur le site : http://bioinfo.math.rpi.edu/~zukerm/

Enfin, le logiciel d'analyse de liaison MLINK est accessible sur les sites d'infobiogen et HGMP (utilisateurs identifiés) soit via telnet (infobiogen) soit via telnet ou le web (HGMP).

RESULTATS

1ERE PARTIE : CLONAGE POSITIONNEL

A. CARACTERISATION DE LA POPULATION ETUDIEE

Le laboratoire dispose actuellement de 58 familles incluant de 2 à 51 sujets prélevés. Près de la moitié (49 %) de ces familles présente une CMD à transmission clairement autosomique dominante. Pour 19 % d'entre elles, la transmission est très vraisemblablement autosomique dominante, mais celle-ci ne peut être complètement certifiée en raison d'un manque d'information sur un ou plusieurs sujets. Dans un tiers des cas environ (29 %), le mode de transmission de la maladie ne peut être caractérisé. Ceci est dû, en général, à un nombre trop faible de sujets examinés mais également à un manque d'information. Enfin pour deux familles, soit 3 % des cas, une transmission liée au chromosome X est fortement suspectée.

Par conséquent, si l'on additionne les formes autosomiques dominantes certaines et les formes autosomiques dominantes vraisemblables (49 % + 19 %), on peut donc considérer que dans notre panel de famille, dans 68 % des cas au moins, la transmission suit un mode autosomique dominant. Ce chiffre semble en accord avec la valeur de 66,3 % déjà rapportée par Mestroni et coll. (1999a). En revanche, nous n'avons pas retrouvé de formes autosomiques récessives. Quant aux formes liées à l'X, elles semblent beaucoup moins présentes dans notre population que dans celle décrite par l'équipe de Mestroni et coll. qui retrouvaient une fréquence de 10 %.

Par ailleurs, dans les formes autosomiques dominantes, quatre familles (4 %) présentent une CMD associée à des troubles de conduction (arythmie complète par fibrillation auriculaire, pace maker), quatre autres familles présentent une CMD associée à une myopathie ou à un taux de CPK élevé suggérant une atteinte musculaire sous-jacente potentielle. Enfin, pour une famille, la maladie est associée à des troubles de conduction accompagnés d'un taux de CPK élevé. Ceci porte donc à cinq (8,6 %), le nombre de famille avec atteinte musculaire. Cette valeur est à rapprocher des chiffres rapportés par l'équipe de Mestroni et coll. (1999a) qui retrouvait un taux de 7,6 % (Figure n°11).

Soulignons toutefois que les chiffres rapportés ici ne s'appuient que sur les familles dont le mode de transmission a pu être établi. Notre panel contient en effet 29 % de familles pour lesquelles le mode de transmission reste indéterminé.

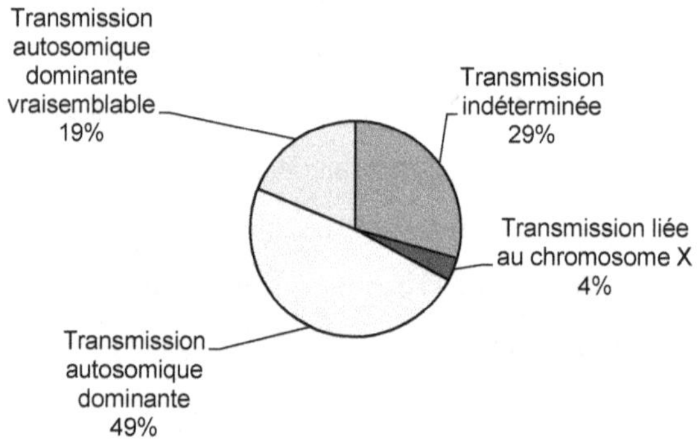

Figure n°11 : Fréquence des différentes formes de cardiomyopathies dilatées familiales étudiées

B. ANALYSES FAMILIALES DE LIAISON PRELIMINAIRES

La toute première partie du travail a consisté à déterminer parmi les familles recrutées dans le laboratoire, celles sur lesquelles des stratégies de clonages positionnels étaient envisageables. Nous avons donc estimé "l'informativité" des plus grandes (comportant de 8 sujets prélevés pour la plus petite, à 51 pour la plus grande). Ceci a été effectué en calculant les Lod scores simulés maximaux. Ces familles présentent toutes une transmission autosomique dominante de la maladie, sauf une (famille 2906) pour laquelle, le mode de transmission est incertain en raison de plusieurs boucles de consanguinité, de la présence de nombreux sujets non examinés ainsi que de nombreux sujets pour lesquels le diagnostic clinique est incertain. Néanmoins, pour cette famille aussi, c'est le modèle de transmission autosomique dominant qui a été appliqué dans les calculs de Lod scores. Ces simulations de Lod scores maximaux sont présentées pour chaque famille dans le tableau n°5.

Deux familles ont des Lod scores simulés maximaux supérieurs à 3, dont une supérieur à 6 (famille 9800). Pour cette dernière, nous avons donc initié des analyses de liaison (exlusion des loci morbides connus et criblage du génome, cf. Article 1).

Sept autres de ces familles présentent des Lod scores simulés maximaux compris entre 1 et 2,8. A défaut de pouvoir mettre en évidence une liaison statistiquement significative (le Lod score expérimental requis devant être >3) nous avons cependant considéré ces valeurs suffisantes pour pouvoir exclure d'éventuelles liaisons à des loci chromosomiques définis (Figure n°12).

Sur les pages suivantes :

Figure n°12 : Arbres généalogiques des différentes familles sur lesquelles les loci connus responsables de CMD ont été testés par analyse de liaison génétique.

Individu atteint : ■

Individu décédé : ◪

Individu sain : □

Individu douteux : ◨

Individu non examiné : ⊠

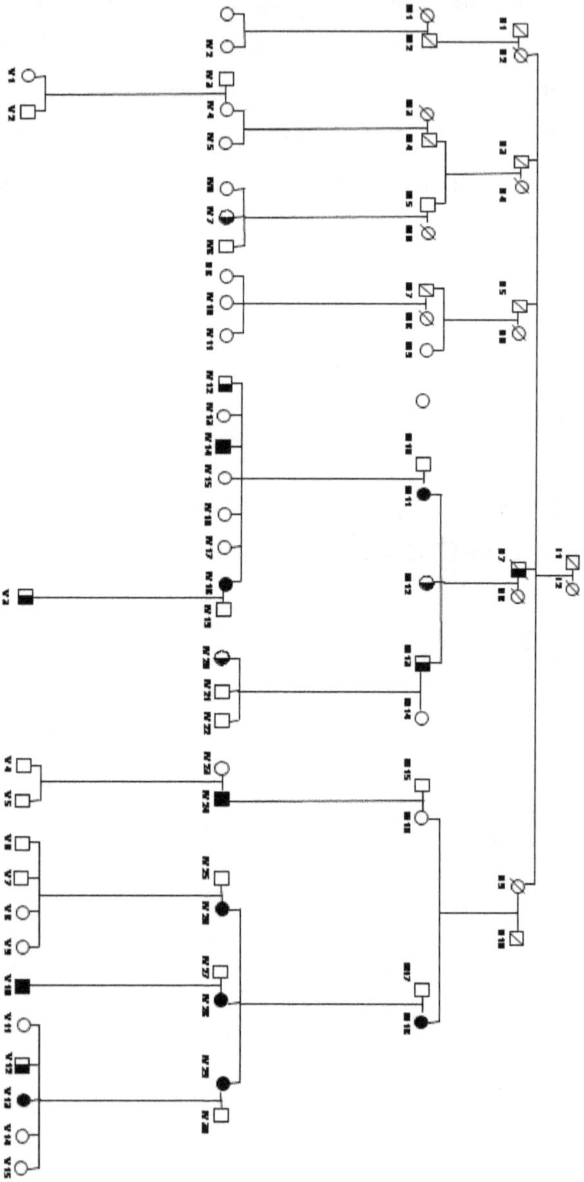

Famille 9800

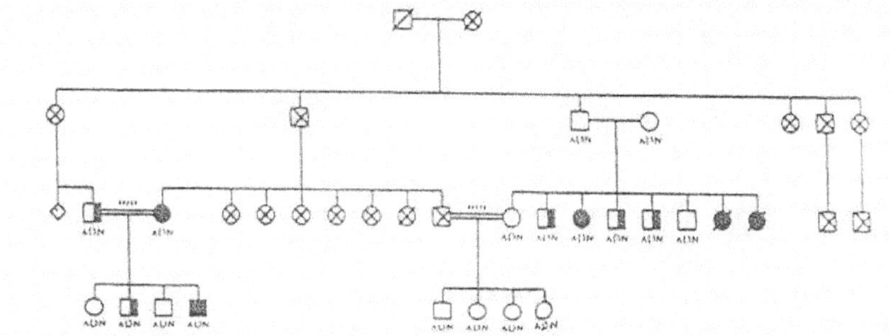

Famille 2906

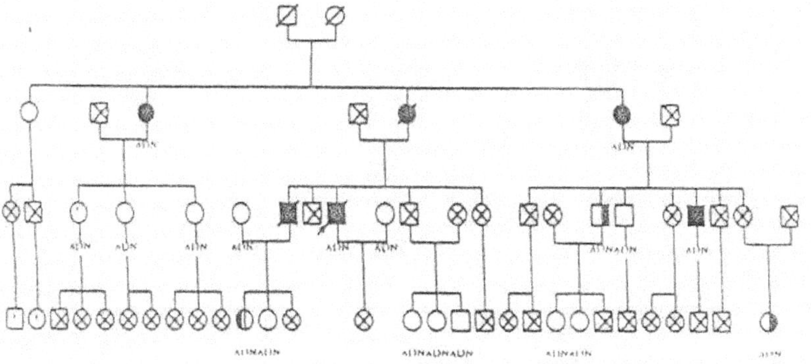

Famille 9865

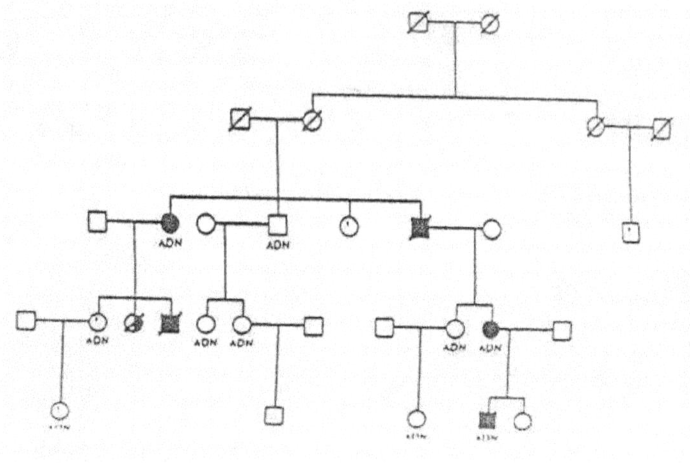

Famille 10496

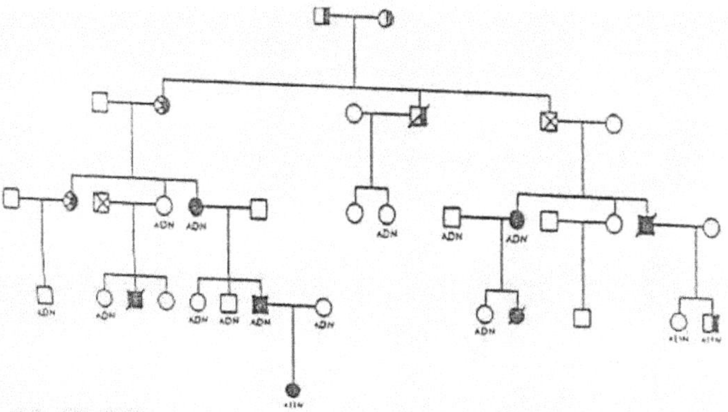

Famille 10760

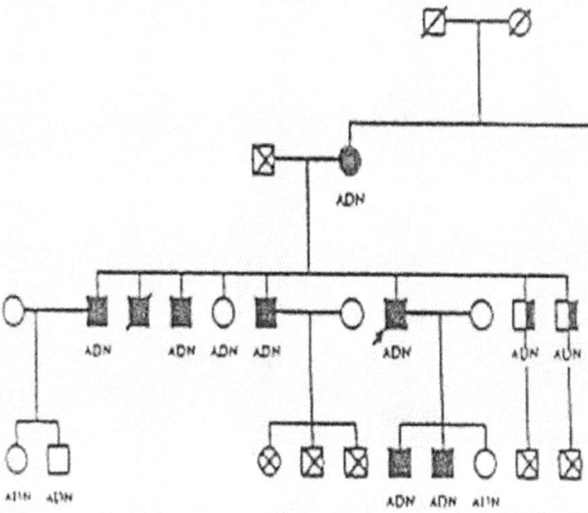

Famille 10803

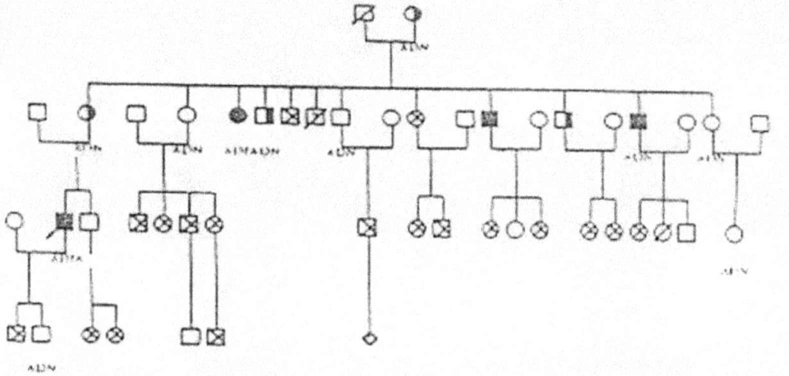

Famille 10874

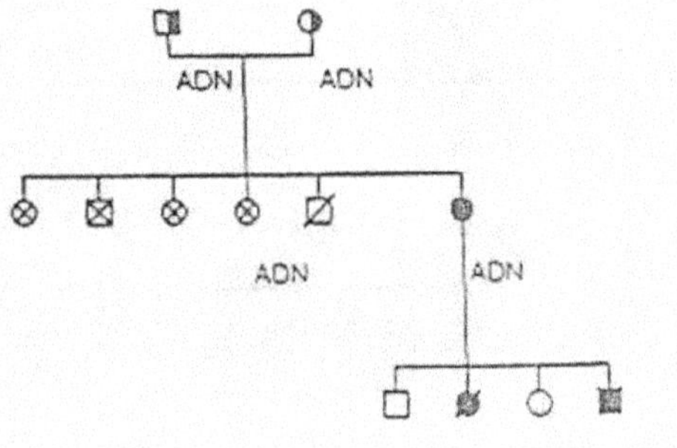

Famille 10898

Tableau n°5 : lod scores simulés maximums pour chacune des familles les plus importantes
(pour la famille 2906, les simulations ont été réalisées sous un modèle de transmission autosomique dominant)

N° de familles	Nombre de sujets disponibles	transmission de la maladie	Lod scores simulés maximaux
9800	51	Autosomique dominant	6,5
10874	21	Autosomique dominant	3,52
10803	16	Autosomique dominant	2,8
10760	21	Autosomique dominant	2,29
2906	18	Indéterminé	2,19
14044	11	Autosomique dominant	1,90
9865	19	Autosomique dominant	1,25
10496	10	Autosomique dominant	1,14
10898	8	Autosomique dominant	1,04
11603	9	Autosomique dominant	0,88

Au moment où nous avons débuté cette étude, seuls les loci chromosomiques 1p1-q1, 1q32, 3p22-p25, 6q23, 9q13-q22 et 10q21-q23 étaient connus.

Des marqueurs microsatellites (voire plus haut tableau n°4) situés dans ces régions ont donc été analysés dans ces familles (total : 172 personnes, incluant 42 malades et 27 avec un statut clinique douteux).

Cette analyse a montré que :

- Concernant la famille la plus "informative", (famille 9800), tous les loci chromosomiques connus sont exclus.
- En revanche, une liaison génétique potentielle entre la maladie et le locus 10q21-q23 a été retrouvée dans la famille 10803. Les individus de cette famille ont été génotypés pour des marqueurs complémentaires dans cette région (Lod score maximum obtenu = 1,6 pour le marqueur D10S1769 à thêta = 0, pénétrance = 0,7) (Figure n°13). Le marquer D10S1786 présente un Lod score négatif. Cela est dû au génotype de l'un des membres atteints (individu *). Une double recombinaison est peu probable étant donné la distance génétique qui sépare ce marqueur du précédent. En revanche, l'hypothèse d'une mutation *de novo*, ne peu être exclue. Un marqueur de cette région, le D10S569, donne également un Lod score positif, (Lod score=1,45) pour la famille 2906 si l'on suppose le mode de transmission dans cette famille autosomique dominant.

1-D10S195
2-D10S556
3-D10S1699
3- D10S1752
5-D10S569
6-D10S1677
7-D10S201
8-D10S1786
9-D10S1686
10-D10S1658
11-D10S1769
12-D10S541
13-Microsatellite intragénique du gène codant ZASP

18 cM

Locus identifié par Bowles et coll. (2000)

Marqueurs	Lod scores à thêta = 0
D10S1752	1,29
D10S1686	0,96
D10S1769	1,59
ZASP (Microsatellite)	0,4

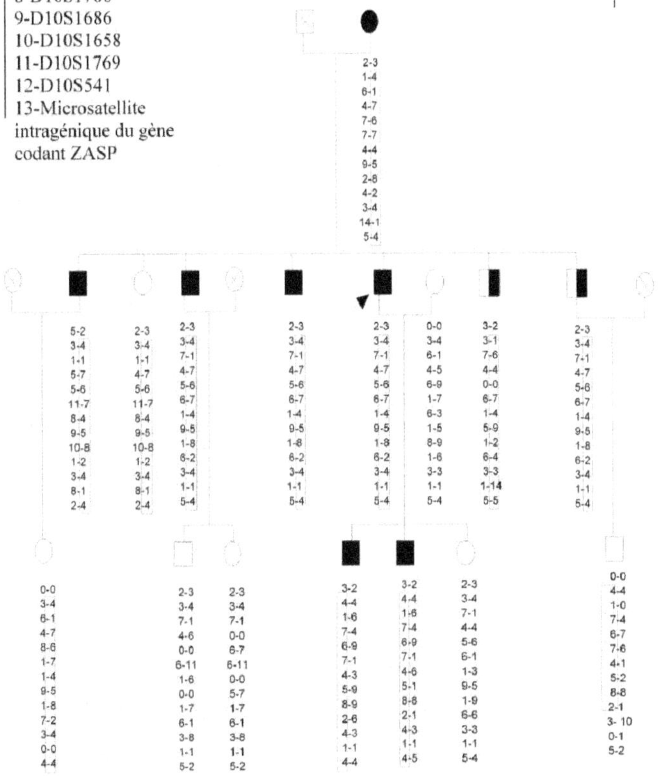

Figure n°13 : Arbre généalogique de la famille 10803 montrant les haplotypes pour les marqueurs microsatellites de la région 10q21-q23

- Les autres familles étudiées ne semblent pas présenter de liaison avec l'un de ces quelconques loci (Lod scores expérimentaux compris entre -7,52 et 0,4).

C. ANALYSE DE GENES CANDIDATS POSITIONNELS DANS LA REGION 10q21

La région potentiellement liée à la maladie dans la famille 10803 (et éventuellement 2906) dépasse les 18 cM (la borne inférieure n'a pas été déterminée) et couvre très largement la région de 4 cM identifiée par Bowles et coll. (Bowles et coll., 2000; Bowles et coll., 1996). Le gène codant la protéine ZASP (Z-band alternatively spliced PDZ-motif protein), localisé en 10q22-q23 dans la zone de liaison que nous avons déterminée (Figure n°14), nous a semblé un excellent gène candidat positionnel. Un marqueur microsatellite intragénique montre une liaison potentielle avec la maladie (Z=0,4, à thêta = 0, cf. haplotypes Figure n°13).

La protéine ZASP est une protéine nouvellement découverte des muscles cardiaques et squelettiques, associée à la bande Z du sarcomère et possédant des motifs PDZ (Faulkner et coll., 1999). Les motifs PDZ sont des domaines d'interaction protéine-protéine composés de 80 à 120 acides aminés et présents en copie simple ou multiple dans les protéines. Il existe quatre isoformes de ZASP issues d'un épissage alternatif du gène situé en 10q22.3-10q23.2 (accession numbers : AJ133766, AJ133767, AJ133768 et la forme spécifique du cerveau ABO14513). L'organisation introns–exons de chacun des quatre ARNm codant la protéine ZASP a d'abord été déterminée par alignement entre les séquences d'ADN complémentaires (ADNc) et les séquences génomiques (cf. Matériel et Méthodes).

Tous les exons du gène de la protéine ZASP ont été analysés chez deux sujets atteints de chacune des deux familles 10803 et 2906 dont le gène morbide est potentiellement lié à cette région du chromosome 10 ainsi que chez deux sujets sains servant de contrôle. L'étude comprenait les exons ainsi que les jonctions introns-exons (au moins 15 nucléotides de part et d'autre de l'exon). Cette analyse a été réalisée par PCR-SSCP et séquençage. Les amorces utilisées sont listées dans le tableau (e) en annexe. Aucune anomalie génétique n'a été identifiée.

D'autres gènes figurent dans cette région (Figure n°14). Certains constituent d'excellents candidats notamment : le gène codant la vinculine (*VCL*), ainsi que les gènes codant le canal potassique calcium dépendant (*KCNMA1*), le canal 2 voltage dépendant (*VDAC2*), l'annexine 11 (*ANXA11*) ou encore la protéine A2 associée au surfactant pulmonaire (*SFTPD*). Toutefois, Bowles et coll. (2000) après avoir réduit la taille de la région d'intérêt, ont analysé plusieurs gènes cartographiés dans cette région, notamment les gènes *ANX11*, *SFTPD*, *KCNMA1* et *SFTPA1* (Bowles et coll., 2000). Ils n'ont identifié aucune mutation génétique responsable de la maladie dans leur famille. Le gène codant la vinculine apparaît désormais situé hors de cette zone.

Concernant la famille 10803 étudiée ici, on ne peut affirmer avec certitude qu'il s'agisse du même locus morbide que celui identifié par Bowles et coll. (1996), d'abord en raison de l'hétérogénéité génétique de la CMD, ensuite parce que la famille étudiée par Bowles et coll. était associée à un prolapsus valvulaire mitral contrairement à la famille 10803 étudiée ici qui présente une CMD isolée, enfin parce que dans cette dernière (10803), il n'y a pas eu de criblage complet du génome. Depuis cette étude, d'autres loci chromosomiques ont d'ailleurs été identifiés (2q14-q22, 6q23-q24, 9q22-q31) ainsi que de nouveaux gènes (*LMNA, MYH7, SGCD, VCL, TTN, TTN2, TPM1*).

Pour pouvoir compléter le travail dans cette famille, il serait nécessaire de recruter des membres supplémentaires afin de confirmer la liaison grâce à des Lod scores plus élevés et analyser ensuite les haplotypes afin de voir s'il existe des membres de la famille présentant des recombinaisons chromosomiques, ce qui permettrait de réduire la taille de cette région.

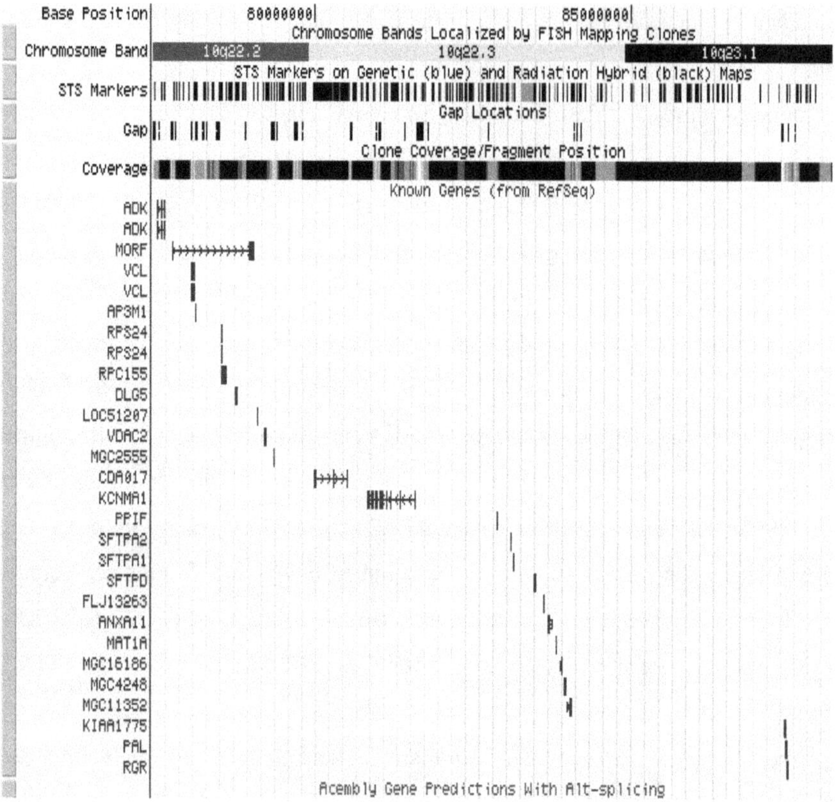

Figure n°14 : Représentation graphique de la région 10q21-q23 potentiellement liée à la CMD dans la famille 10803 et préalablement identifiée par Bowles et coll. (1996)

Ensemble des gènes connus contenus dans la région (en bleu)

Gap = Zones non encore séquencées

Base Position = échelle en nucléotide

(Mise à jour avril 2002)

D'après : http://genome.ucsc.edu/

D. ARTICLE 1 : A New Locus for Autosomal Dominant Dilated Cardiomyopathy Identified on Chromosome 6q12-q16

Sylvius N, Tesson F, Gayet C, Charron P, Bénaïche A, Peuchmaurd M, Duboscq-Bidot L, Feingold J, Beckmann JS, Bouchier C, Komajda M.
Am J Hum Genet. 2001 Jan;68(1):241-6. Epub 2000 Nov 20.
PMID: 11085912
Cf. article original à la fin de ce manuscript

1. Introduction

L'analyse préalable des familles les plus grandes atteintes de la maladie et recrutées au laboratoire nous indiquait que seule une d'entre elles était "informative" sur le plan génétique et permettait d'envisager de pouvoir déterminer le locus morbide par clonage positionnel. Le présent article rapporte l'analyse de liaison génétique réalisée dans cette famille caucasienne d'origine française et l'identification d'un nouveau locus chromosomique. Sur cette famille, l'implication potentielle des loci connus lorsque nous avons entrepris cette étude (loci 1p1-q1, 1q32, 2q31, 3p22-p25, 6q23, 9q13-q22 et 10q21-q23) a donc été préalablement exclue grâce au génotypage des membres de cette famille pour des marqueurs microsatellites situés dans ces régions. Les gènes codant la desmine et l'actine alpha cardiaque ont également été éliminés par criblage en SSCP de leurs exons (et jonctions intron-exons) respectifs. En l'absence de liaison avec l'un ou l'autre de ces gènes et loci, nous avons donc entrepris un criblage complet du génome de la famille.

2. Méthodes et résultats

2a. Localisation chromosomique

Au total, 342 marqueurs microsatellites fluorescents ont été utilisés et analysés sur analyseur génétique ABI Prism 377 (Applied Biosystem). Les calculs de Lod score qui ont suivis ont montré une tendance à une liaison (Z = environ 1) pour plusieurs régions situées sur les chromosomes 2, 6, 10 et 13. L'analyse de marqueurs complémentaires localisés dans ces régions a permis d'exclure définitivement les chromosomes 2, 10 et 13. Seuls les Lod scores obtenus pour les marqueurs microsatellites situés autour du marqueur D6S1644 (carte génétique du généthon (Dib et coll., 1996)) se sont révélés significatifs. Nous avons alors délimité la région d'intérêt entre les marqueurs D6S1627 et D6S1716. Cette région s'étend sur une distance d'environ 16 cM, ce qui reste considérable. Elle constitue cependant le troisième locus sur le chromosome 6 responsable de CMD (si l'on excepte les loci contenant les polymorphismes du système HLA associés aux formes sporadiques). Le présent locus se situe en effet en position proximale du bras long du chromosome 6 à 22 cM du locus décrit par Messina et coll. (1997) et responsable d'une CMD avec atteinte musculaire et à 29 cM de celui décrit par Schönberger et coll. (2000) et associé à des troubles auditifs (cf. Figure n°2 de l'article).

Grâce à l'analyse haplotypique, nous avons identifié dans cette famille 22 sujets porteurs du gène morbide, dont 7 avec un statut clinique douteux et 5 sujets cliniquement sains. Ces sujets douteux et sains porteurs du gène morbide peuvent donc être considérés comme des individus à risque. Par ailleurs, l'un des sujets sains (individu IV16) n'est porteur que de la partie distale de l'haplotype morbide (du marqueur D6S1570 au marqueur D6S1720) suggérant que le gène morbide se situe dans la partie proximale du locus morbide (D6S1627-D6S1570). Dans le choix d'un gène candidat positionnel, il est donc possible dans un premier temps de ne considérer que cette partie proximale. Cependant, cette stratégie est risquée étant donné la pénétrance très incomplète qui caractérise cette maladie tout particulièrement dans cette famille.

Enfin, l'individu IV18 présente pour le marqueur D6S1627 un génotype indiquant soit une double recombinaison, soit une mutation de novo. L'hypothèse d'une double recombinaison est peu probable étant donné la distance qui sépare les marqueurs D6S445 et D6S1601. L'hypothèse d'une mutation de novo est en revanche plus plausible. Dans ce cas, la borne proximale de la région inclurait alors le marqueur D6S445.

2b. Gènes candidats analysés

D'une façon générale, le choix des gènes candidats à analyser dans cette famille se fait selon deux critères principaux : leurs profils d'expression tissulaire et la fonction de la protéine qu'ils codent.

L'implication potentielle de trois gènes candidats positionnels situés dans cette région ou à proximité (les imprécisions sur les premières cartes génétiques étant en effet courantes) a été exclue. Ainsi, l'exclusion des gènes codant le phospholamban cardiaque et l'enzyme malique s'est faite par PCR-SSCP et séquençage des exons et jonctions introns-exons de chacun des deux gènes. Aucune mutation n'a été retrouvée dans l'un ou l'autre de ces deux gènes. Nous nous sommes également assurés que le gène codant la laminine alpha 4 était bien exclu de cette région par génotypage chez tous les membres de la famille, du marqueur miscrosatellite D6S416, situé dans l'intron 29 du gène. Aucune liaison n'a en effet été retrouvée entre ce marqueur et la maladie (Lod score < -2).

3. Discussion et conclusions

Il n'est pas possible d'étendre d'avantage la famille en recrutant de nouveaux sujets. En effet, le génotypage de nouveaux sujets pour les marqueurs de cette région pourrait éventuellement permettre d'identifier chez certains d'entre eux, des recombinaisons chromosomiques susceptibles de nous permettre de réduire la taille de cette région.

Cependant, avec la publication récente des résultats du séquençage du génome humain, il est aujourd'hui possible d'identifier sur une carte physique et non plus simplement une carte génétique, la position exacte des différents gènes situés dans cette région d'intérêt. La Figure n°15 est une représentation de la région chromosomique identifiée avec la position au sein de cette région des différents gènes connus. Cette région couvre un peu plus de 16 millions de paires de bases. La partie proximale de cette région est bordée par le gène codant la 5' nucléotidase (gène *NT5*) et la partie distale, par celui codant la protéine HSPC125 (gène *HSPC125*). Il y a dans cette région plusieurs gènes codant des protéines dont les fonctions sont totalement inconnues.

Seules sont connues leurs séquences. En effet, ces gènes possèdent, en général, une forte homologie avec d'autres gènes connus soit chez l'homme, soit dans une autre espèce.

Par ailleurs, cette région comporte un total de 38 gènes connus et de nombreuses zones pour lesquelles la séquence n'est toujours pas disponible (indiqué GAP sur la Figure n°15). On peut estimer que ces zones non séquencées occupent environ 6 % de la taille de la région. Les différents logiciels de prédiction de gènes qui se basent sur des alignements entre des EST (Express sequence Tag) et la séquence génomique prédisent entre 70 (Ensembl Gene prediction) et 190 (Genscan Gene Prediction) gènes non identifiés.

Enfin, on peut voir que le gène codant l'enzyme malique (*ME1*), qui fut l'un des premiers testés est en fait situé à l'extérieur de cette zone. Ceci n'apparaissait pas sur les premières cartes génétiques que nous avions utilisées au moment de l'identification de cette localisation. En effet, sur la carte GeneMap99 (centre NCBI, adresse : http://www.ncbi.nlm.nih.gov/genemap/map.cgi?BIN=215&MAP=GB4), le gène codant l'enzyme malique est situé entre les marqueurs D6S1609 et D6S1601)

Parmi les autres familles disponibles au laboratoire, nous avons également cherché à savoir si pour une ou plusieurs d'entre elles, la maladie pouvait potentiellement être liée à ce locus. Pour cela nous avons analysé les marqueurs microsatellites D6S1570, D6S462, D6S268 dans les familles 2906, 10803, 10874, 10760, 9865, 10496, 10898 et 14044 qui correspondent aux familles ayant les Lod score simulés maximaux les plus importants (et rapportées dans le Tableau n°5).

Il n'existe aucune liaison génétique entre ce locus et la maladie dans ces familles.

4. Autres gènes candidats positionnels à envisager

- Le gène codant la protéine 2 associée à la caspase 8 (*CASP8AP2*).

Les caspases constituent en effet, une famille de protéines impliquées dans l'apoptose des cellules eucaryotes. Il existe de nombreuses caspases dont la caspase 8. Il existe un modèle de souris knock out pour ce gène. Il est intéressant de constater que les souris hétérozygotes (-/+) présentent un développement anormal du muscle cardiaque et meurent à l'état embryonnaire suggérant un rôle essentiel de cette protéine dans la croissance et le développement du muscle cardiaque.

- Le gène codant la protéine KIAA1009.

Sa séquence protéique présente une homologie (20 %) avec la chaîne lourde de la myosine alpha cardiaque.

- Le gène codant la protéine DKFZP58E1923.

Il s'agit en effet d'une protéine possédant des domaines répétés ankyrine (protéine du cytosquelette) et qui est exprimée dans les muscles cardiaques et squelettiques.

Récemment l'analyse complète de la séquence des gènes codant la connexine 25 (*CX25*) et la connexine 62 (*CX62*), des protéines des jonctions gap a été effectuée mais aucune anomalie génétique n'a été retrouvée. Le laboratoire continue donc la recherche du gène morbide de cette région.

Sur la page suivante :

Figure n°15: Représentation graphique de la région 6q12-16 identifiée

Ensemble des gènes connus contenus dans la région (en bleu)

Gap = Zones non encore séquencées

Acembly Genes, et Genscan Genes = logiciels de prédiction de gènes.

Base Position = échelle en nucléotide

(Dernière mise à jour : avril 2002)

D'après : http://genome.ucsc.edu

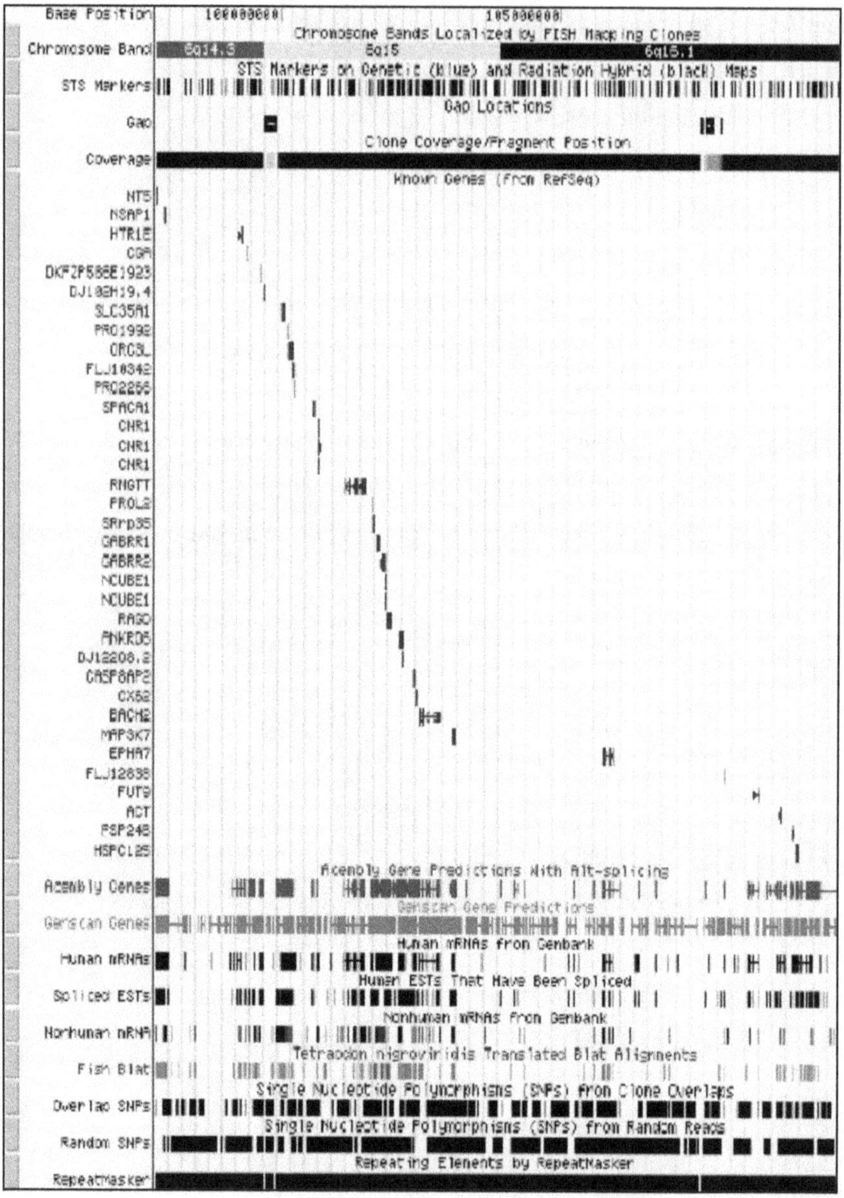

Base Position
100000000
105000000
Chromosome Bands Localized by FISH Mapping Clones
Chromosome Band
6q14.3
6q15
6q16.1
STS Markers on Genetic (blue) and Radiation Hybrid (black) Maps
STS Markers
Gap Locations
Gap
Clone Coverage/Fragment Position
Coverage
Known Genes (from RefSeq)
NT5
NSAP1
HTR1E
CGA
DKFZP586E1923
DJ182H19.4
SLC35A1
PRO1992
ORC3L
FLJ10342
PRO2256
SPACA1
CNR1
CNR1
CNR1
RNGTT
PROL2
SRrp35
GABRR1
GABRR2
NCUBE1
NCUBE1
RAGD
ANKRD6
DJ12208.2
CASP8AP2
CX62
BACH2
MAP3K7
EPHA7
FLJ12838
FUT9
ACT
FSP248
HSPC125
Acembly Gene Predictions With Alt-splicing
Acembly Genes
Genscan Gene Predictions
Genscan Genes
Human mRNAs from Genbank
Human mRNAs
Human ESTs That Have Been Spliced
Spliced ESTs
Nonhuman mRNAs from Genbank
Nonhuman mRNA
Tetraodon nigroviridis Translated Blat Alignments
Fish Blat
Single Nucleotide Polymorphisms (SNPs) from Clone Overlaps
Overlap SNPs
Single Nucleotide Polymorphisms (SNPs) from Random Reads
Random SNPs
Repeating Elements by RepeatMasker
RepeatMasker

2EME PARTIE : APPROCHE GENE CANDIDAT

La pénétrance ainsi que l'expressivité variable, y compris au sein d'une même famille, de la CMD, de même que le taux de mortalité élevé qui caractérise cette pathologie, constituent une difficulté majeure dans le recrutement de familles et notamment de familles "informatives" permettant des analyses de liaison génétique. L'approche dite "gène candidats " est une alternative au clonage positionnel qui a plusieurs fois prouvé son efficacité.

A. ARTICLE 2 : Epidemiology of Desmin and Cardiac Actin Gene Mutations in a European Population of Dilated Cardiomyopathy

Tesson F, Sylvius N, Pilotto A, Dubosq-Bidot L, Peuchmaurd M, Bouchier C, Benaiche A, Mangin L, Charron P, Gavazzi A, Tavazzi L, Arbustini E, Komajda M.
Eur Heart J. 2000 Nov;21(22):1872-6.
PMID: 11052860
Cf. article original à la fin de ce manuscript

1. Introduction

Le gène codant l'actine alpha cardiaque fut le premier en 1998 à avoir été identifié dans les formes autosomiques dominantes de CMD. Deux mutations avaient alors été identifiées Arg312His et Glu361Gly affectant chacune un petit noyau familial (Olson et coll., 1998). Moins d'un an après, une mutation Ile451Met dans le gène codant la desmine et affectant 4 personnes d'une même famille fut identifiée (Li et coll., 1999). Au moment où nous avons débuté cette étude, il s'agissait donc des deux seuls gènes connus responsables de CMD isolée.

Nous avons donc cherché à savoir si des anomalies dans l'un ou l'autre de ces deux gènes se retrouvaient dans la population de malades disponible au laboratoire.

2. Méthodes et résultats

Dans cette étude, nous avons donc analysé le gène codant l'actine alpha cardiaque et celui codant la desmine, dans la population de propositus atteints de CMD. Un total de 43 cas familiaux et 43 cas sporadiques (22 cas sporadiques pour la desmine) tous originaires de France ou d'Italie a ainsi été analysé par PCR-SSCP suivi de séquençage systématique de chacun des profils différents observés en SSCP. La sensibilité de la technique SSCP n'étant pas de 100 % (fiabilité couramment admise de l'ordre de 80 %), la présence de la mutation Ile451Met publiée a également été recherchée plus spécifiquement par PCR-RFLP.

Plusieurs polymorphismes déjà connus dans l'un ou l'autre de ces deux gènes ont été retrouvés chez les malades comme chez les contrôles, mais aucune mutation n'a pu être identifiée.

Par ailleurs, dans notre analyse du gène codant la desmine, en considérant le nombre de sujets étudiés (41 cas familiaux+ 22 cas sporadiques), il nous a alors été possible d'estimer dans notre population, la fréquence des cas de CMD liés à ce gène. Celle-ci est < 1/(41+22) = 1,6 %.

Aujourd'hui, avec l'identification récente de la mutation Ile451Met chez trois cas sporadiques japonais (sur 217 cas familiaux et 48 cas sporadiques) (Miyamoto et coll., 2001), et en tenant compte du cas familial rapporté par Li et coll. (1999) sur 44 étudiés, il est possible d'affiner ces données. Ainsi, dans l'ensemble des populations analysées, la fréquence des cas de CMD (sporadiques et familiaux confondus) est inférieure à (1+3)/41+22+44+265) = 1,1 %. Ce chiffre ne remet donc pas fondamentalement en cause la valeur que nous avons publiée. En distinguant les cas sporadiques des cas familiaux, on obtient les fréquences suivantes : 4,2 % pour les cas sporadiques et 0,3 % pour les cas familiaux.

Des calculs similaires pour le gène codant l'actine cardiaque montrent, dans notre population, une fréquence de cas (familiaux et sporadiques confondus) liés à ce gène < 1/(43 cas sporadiques + 43 cas familiaux) = 1,16. La fréquence dans l'ensemble des populations analysées (y compris les non caucasiennes) < 2/ (130 cas familiaux +196 cas sporadiques) = 0,62 %.

3. Discussion

Ces résultats ont permis de montrer pour la première fois que les mutations dans les gènes codant l'actine alpha cardiaque et la desmine ont une faible prévalence dans la population européenne atteinte de CMD.

Le gène codant l'actine alpha cardiaque a par ailleurs été étudié dans d'autres populations, notamment japonaises et sud-africaines, sans qu'aucune anomalie génétique ne soit identifiée non plus (Mayosi et coll., 1999; Takai et coll., 1999). De même, au laboratoire, nous avons effectué des analyses complémentaires sur des patients d'origine caucasienne recrutés ultérieurement ainsi que sur quelques patients d'origine turque, africaine et nord africaine. Aucune anomalie n'a été retrouvée (Résultats non publiés). On peut donc affirmer que ces deux gènes n'expliquent qu'une part minime des cas de CMD observés dans la population générale. Aujourd'hui, force est d'admettre que les différentes études effectuées sur ces deux gènes relativisent considérablement leur rôle dans les formes familiales et sporadiques de la maladie. Une réserve doit tout de même être apportée quant à la fiabilité de la technique SSCP qui, il est vrai, ne peut détecter 100 % des variations génétiques.

Sur la base d'analyses uniquement génétiques, on peut donc affirmer que les variations génétiques rapportées dans ces deux gènes sont extrêmement rares. Néanmoins, dans la mesure où aucune analyse fonctionnelle n'est venue pour le moment confirmer le rôle délétère de ces variants et où il existe plusieurs cas asymptomatiques, on ne peut totalement exclure l'hypothèse de polymorphismes rares et ce même si ces mutations sont retrouvées dans plusieurs populations d'origine ethnique différente (mutation Ile45Met dans le gène codant la desmine).

B. APPROCHE GENE CANDIDAT (2)

Criblage des gènes codant l'alpha actinine cardiaque et la protéine ZASP : identification de nouveaux variants associés à des formes sporadiques de cardiomyopathie dilatée.

1. Introduction

L'ensemble des données rapportées dans les CMD (cf. Introduction) souligne l'importance des protéines du sarcomère et du cytosquelette dans le développement de la maladie. C'est pourquoi, nous avons voulu savoir si les gènes codant l'alpha actinine cardiaque et la protéine ZASP pouvaient jouer un rôle dans cette pathologie.

L'alpha actinine cardiaque est en effet une protéine essentielle du cytosquelette mais qui possède également de nombreuses interactions avec le sarcomère et les myofibrilles au niveau des bandes Z. C'est une protéine de la famille des spectrines dont fait également partie la dystrophine. Elle se compose d'une région N-terminale de liaison à l'actine F, de deux domaines centraux d'homologie avec la calponine (protéine associée aux filaments fins des muscles lisses, impliquée dans la régulation de leur contraction et capable de se lier à l'actine, la troponine C et la tropomyosine), de quatre domaines spectrine et enfin de deux domaines EH (domaine de liaison au calcium).

L'alpha actinine cardiaque possède la capacité d'interagir avec de nombreuses protéines telles que l'actine cardiaque, la titine, plusieurs canaux ioniques (canaux potassiques Kv1.5 et Kv1.4), ainsi qu'avec d'autres protéines du cytosquelette dont la dystrophine, la spectrine (protéine associée à la membrane), des protéines de la bande Z du sarcomère telles la protéine **ZASP** (Z-band alternatively spliced PDZ-motif protein), la myotiline, la myopalladine (protéine située dans les bandes Z et I du sarcomère) et la protéine FATZ (Filamin, Actinin, Telethonin-binding Protein of the Z-disc of Skeletal Muscle) (Bang et coll., 2001; Cukovic et coll., 2001; Faulkner et coll., 2000; Faulkner et coll., 1999; Hance et coll., 1999). A l'heure actuelle aucune mutation dans ce gène n'a été associée à une maladie, qu'elle soit cardiaque ou autre.

La protéine ZASP, quant à elle, est située dans la bande Z du sarcomère des cellules musculaires cardiaques et squelettiques. Le gène codant cette protéine est un gène candidat positionnel car localisé en 10q22-q23, la région identifiée par Bowles et coll. (Bowles et coll., 1996). Parmi les familles de notre panel, deux au moins (famille 10803 et 2906) présentent une CMD potentiellement liée à ce locus. Le gène donne par épissage alternatif 4 isoformes dont une (accession : ABO14513) exprimée dans le cerveau, les trois autres isoformes (AJ133766, AJ133767, AJ133768) étant exprimées dans les muscles squelettique et cardiaque. Cette protéine interagit notamment avec la région C-terminale de l'alpha actinine cardiaque. Elle comporte, par ailleurs, un domaine PDZ (présent dans les quatre isoformes). Il s'agit de domaines d'interaction protéine-protéine que l'on retrouve dans d'autres protéines telles que les syntrophines, des composants majeurs du complexe associé à la dystrophine.

2. Diagnostic et analyse génétique

Un total de 131 sujets a été analysé, comprenant 86 cas familiaux et 41 cas sporadiques (plus 4 témoins sains servant de contrôles internes). L'inclusion des patients dans l'étude s'est faite selon les critères établits par notre groupe de travail et déjà décrits dans la partie Matériel et Méthodes (Mangin et coll., 1999; Mestroni et coll., 1999b).
Les gènes codant l'alpha actinine cardiaque et la protéine ZASP ont été analysés par la technique PCR-SSCP dans les conditions précédemment décrites dans notre article (Tesson et coll., 2000) et dans la partie Matériel et Méthodes. Chaque profil SSCP différent a ensuite été séquencé sur séquenceur automatique. Seuls les exons 2, 3 et 12 de la protéine ZASP ont été analysés, en raison de leur taille, par séquençage direct.
Les amorces oligonucléotidiques utilisées pour l'amplification par PCR ont été choisies de façon à amplifier chacun des exons ainsi que les jonctions introns-exons (soit au moins 15 nucléotides de part et d'autre de l'exon). Elles sont listées dans les tableaux (a) et (e) en annexe.

3. Calcul de la fréquence des variations nucléotidiques identifiées.

La recherche dans la population contrôle des variants génétiques identifiés a été effectuée

1) si le variant en question est non conservateur (changement d'acide aminé)

2) chez les cas familiaux, pour vérifier qu'il ségrège bien avec la maladie. La fréquence des allèles identifiés a été estimée d'après les génotypes des individus de la population de propositus CMD (profils SSCP) ainsi que des sujets contrôles lorsque celle-ci a été analysée (profils RFLP).

4. Résultats et discussion

Alpha actinine cardiaque

Nous avons criblé par PCR-SSCP et séquençage, les 21 exons du gène codant l'alpha actinine cardiaque (*ACTN2*). Une variation faux-sens Ala452Val à l'état hétérozygote située dans l'exon 12 du gène a été identifiée chez un sujet originaire du Sud Est asiatique (Laos, Chine du Sud) et atteint d'une CMD considérée comme sporadique dans la mesure où nous ne disposons d'aucune information sur sa famille, (Figure n°16). Ce patient, né en 1953, présente une CMD sans trouble de conduction ni atteinte musculaire (taux de CPK normal). L'examen à l'échographique montre une fraction d'éjection de 30 % et un diamètre télédiastolique du ventricule gauche à 70 mm. La coronarographie ne montre aucune atteinte coronaire. Enfin, il possède des antécédents de diabète non insulino-dépendant.

Individu sain Individu atteint d'une CMD

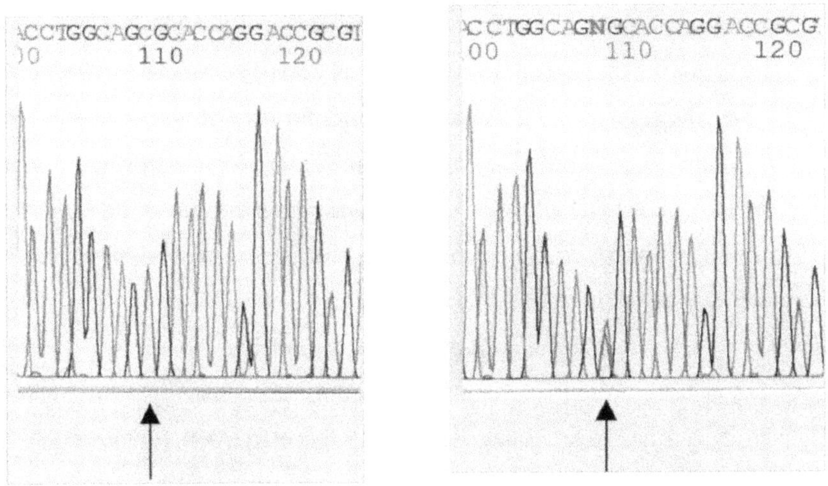

Transition C→T

Figure 16 : Electrophérogramme montrant la transition identifiée sur le gène *ACTN2* et substituant l'acide aminé Alanine 452 en Valine.

La variation génétique identifiée résulte de la substitution d'une cytosine en thymine en position 1531 de l'ARNm. Elle introduit un site de restriction pour l'endonucléase de restriction HinP1I. Cette enzyme a donc été utilisée pour rechercher la présence de cette variation dans des populations contrôles : caucasienne (206 sujets testés), thaïlandaise (176 sujets testées) et chinoise (102 sujets testés), soit au total 484 sujets sains (968 chromosomes) sans pathologie cardiaque connue. Cette variation génétique n'a été retrouvée dans aucune des populations analysées. En outre, si l'on tient compte des propositus analysés au cours du criblage, soit 98 propositus non apparentés, (99-1=98), cela porte à 582 le nombre de sujets analysés (1164 chromosomes).

La variation Ala452Val, identifiée ici, intéresse le deuxième domaine spectrine de la protéine. Les domaines spectrines sont des domaines fréquemment impliqués dans la structure des protéines du cytosquelette. Ces domaines se composent d'un groupe de trois hélices alpha, avec la présence d'un tryptophane en position 17 de l'hélice A et d'une leucine située à deux résidus de la fin de l'hélice C. Les logiciels de prédiction de structures que nous avons utilisés (DSC 1.0 et Simpa96 disponibles sur HGMP, http://www.hgmp.mrc.ac.uk/), prédisent effectivement ce type de structure pour ce qui concerne le domaine comportant le variant identifié. En revanche, en présence de l'acide aminé valine en position 452 (séquence mutée), ces logiciels prédisent une rupture de l'hélice centrale due à l'introduction, d'une région en spirale. La présence d'une valine modifie donc très vraisemblablement la structure secondaire en modifiant l'encombrement stérique de la région.

Par ailleurs, le deuxième domaine spectrine de la protéine est une région très conservée à la fois entre les espèces (souris, poulet, drosophile) mais également entre les différentes alpha actinines humaines (*ACTN1, ACTN3* et *ACTN4*), (Figure n°17).

```
actn1 Human   QVEKGYEEWLLNEIRRLERLDHLAEKFRQKASIHEAWTDGKEAMLRQKDYETATLSEIKA
actn4 Human   QAEKGYEEWLLNEIRRLERLDHLAEKFRQKASIHEAWTDGKEAMLKHRDYETATLSDIKA
actn2 Human   QAEKGYEEWLLNEIRRLERLEHLAEKFRQKASTHETWAYGKEQILLQKDYESASLTEVRA
actn2 Mouse   QAEKGYEEWLLNEIRRLERLEHLAEKFRQKASTHETWAYGKEQILLQKDYESASLTEVRA
actn2 Chick   QAEKGYEEWLLNEIRRLERLEHLAEKFRQKASTHEQWAYGKEQILLQKDYESASLTEVRA
actn3 Human   QVEKGYEDWLLSEIRRLQRLQHLAEKFRQKASLHEAWTRGKEEMLSQRDYDSALLQEVRA
ACTN Droso    LAEKAFEEWLLAETMRLERLEHLAQKFKHKADAHEDWTRGKEEMLQSQDFRQCKLNELKA
               .**.:*:*** *  **:**:***:**::**. ** *: *** :*  :*:  . * :::*

actn1 Human   LLKKHEAFESDLAAHQDRVEQIAAIAQELNELDYYDSPSVNARCQKICDQWDNLGALTQK
actn4 Human   LIRKHEAFESDLAAHQDRVEQIAAIAQELNELDYYDSHNVNTRCQKICDQWDALGSLTHS
actn2 Human   LLRKHEAFESDLAAHQDRVEQIAAIAQELNELDYHDAVNVNDRCQKICDQWDRLGTLTQK
actn2 Mouse   LLRKHEAFESDLAAHQDRVEQIAAIAQELNELDYHDAVNVNDRCQKICDQWDRLGTLTQK
actn2 Chick   MLRKHEAFESDLAAHQDRVEQIAAIAQELNELDYHDAASVNDRCQKICDQWDSLGTLTQK
actn3 Human   LLRRHEAFESDLAAHQDRVEHIAALAQELNELDYHEAASVNSRCQAICDQWDNLGTLTQK
ACTN Droso    LKKKHEAFESDLAAHQDRVEQIAAIAQELNTLEYHDCVSVNARCQRICDQWDRLGALTQR
              : ::*****************:***:***** *:*::. .** *** ****** **:**:
                           ↑
                          452
```

Figure 17 : Alignement de séquences des différentes alpha actinines.

La substitution Ala452 intéresse un acide aminé hautement conservé au cours de l'évolution et entre les différentes actinines humaines. Acide aminé 452 muté chez le cas sporadique CMD surligné

Cette région de l'alpha actinine cardiaque et plus précisément les deux domaines spectrines 1 et 2, est responsable des interactions avec la zyxine, une protéine des contacts focaux qui participe à l'organisation du cytosquelette d'actine, ainsi qu'avec la titine (Young et coll., 1998). Une altération des interactions entre la titine et l'alpha actinine 2 conduit d'ailleurs à une CMD. Itoh-Satoh et coll. (2002) ont en effet montré que la mutation Ala743Val dans le gène codant la titine (région de la bande Z), responsable d'une forme familiale de CMD conduit à une baisse de l'affinité entre l'alpha actinine 2 et la titine (Itoh-Satoh et coll., 2002). On sait d'autre part que ce se sont précisément les domaines spectrines 1 et 2 qui permettent la formation de dimères parallèles et anti-parallèles stables d'alpha actinine (Li and Trueb, 2001). Par ailleurs, les domaines spectrines de l'alpha actinine 2 constituent également les domaines d'interaction avec l'actinin-associated LIM protéine (*ALP*), une protéine du complexe dystrophine mais associée aussi à l'alpha actinine 2 au niveau des bandes Z des myofibrilles (Xia et coll., 1997). Xia et coll. ont d'ailleurs montré par des techniques de double hybride, la haute spécificité des ces interactions, excluant toute interaction avec d'autres protéines à domaines PDZ (nNOS, alpha 1 syntrophine). Une mutation Leu78Lys dans le gène codant l'actinin-associated LIM protéine abolit en outre complètement cette interaction. Enfin, Cukovic et coll. ont montré que ces domaines spectrines et en particulier le deuxième domaine spectrine interagissent aussi avec les canaux potassiques Kv1.4 et Kv1.5 (Cukovic et coll., 2001).

Dans la dystrophine, le domaine "spectrine-like" de la protéine représente près de 75 % de la protéine et lui confère vraisemblablement une certaine flexibilité et élasticité. Cox et coll. (1994) et Greenberg et coll. (1994) ont généré des souris transgéniques exprimant uniquement dans les cellules squelettiques l'isoforme Dp-71 de la dystrophine. Il s'agit d'une isoforme non musculaire tronquée de sa région N-terminale de liaison à l'actine et de son domaine "spectrine-like" central. Les auteurs ont montré la correcte localisation au sein de la membrane plasmique non seulement de l'isoforme Dp-71 mais aussi du complexe protéique associé à la dystrophine. En revanche, ces souris présentent une dégénérescence musculaire montrant ainsi l'importance de ce domaine dans la fonction de la dystrophine (Cox et coll., 1994; Greenberg et coll., 1994).

Les spectrines sont des protéines du cytosquelette associées à la membrane de nombreuses cellules, dont les érythrocytes mais aussi des cellules musculaires. Elles sont également associées aux myofibrilles, aux disques intercalaires et probablement aux tubules T.

Par conséquent, l'absence de ce variant dans les différentes populations testées, la conservation au cours de l'évolution de l'acide aminé Ala452 et l'importance des domaines spectrines dans les protéines du cytosquelette accréditent l'hypothèse d'un rôle délétère de la mutation Ala452val. A ce jour, aucune anomalie dans le gène codant l'alpha actinine cardiaque n'a été trouvée associée à une pathologie.

Par ailleurs, nous avons également trouvé une transition C2320T située dans l'exon 17 et substituant la Thréonine 773 en Méthionine dans une famille d'origine caucasienne. L'analyse par séquençage direct de l'exon 17 chez les autres membres de la famille a montré que ce variant était transmis chez les deux sujets atteints ainsi que chez un sujet sain. Cette variation introduit un site de coupure pour l'endonucléase de restriction NlaIII. Cette enzyme a donc été utilisée pour rechercher cette variation génétique dans une population contrôle. Un total de 173 individus contrôles d'origine caucasienne a été testé. Un témoin présentant cette variation a été trouvé. Nous avons alors émis l'hypothèse d'un ancêtre commun à cette famille et à cet individu contrôle qui aurait pu expliquer la présence de ce variant chez ce contôle. L'analyse des marqueurs microsatellites D1S2678, D1S2680 et D1S1568 (séquences disponibles sur http://www.ensembl.org/) et la reconstitution des haplotypes dans la famille (Figure n°18) a permis de montrer que les individus de la famille porteurs de la variation C2320T et le sujet contrôle n'étaient pas porteurs des mêmes allèles. Les haplotypes hérités étant différents, l'hypothèse d'un éventuel lien de parenté a donc été exclue. Cette substitution C2320T est donc selon toute vraisemblance, un polymorphisme rare (fréquence estimée de l'allèle T=0,7 %).

Au total 11 variations génétiques ont été répertoriées dans le gène codant l'alpha actinine cardiaque, une mutation et 10 polymorphismes (Tableau n°6). Ces variations génétiques constituent une liste non exhaustive des polymorphismes présents dans le gène et pourront être utilisées pour d'éventuelles études d'association.

Ordre des marqueurs :
- D1S2678
- D1S2680
- Variant C2320T (gène ACTN2)
- D1S1568

Haplotype de l'individu contrôle sain :
2-2
2-4
T-C
2-3

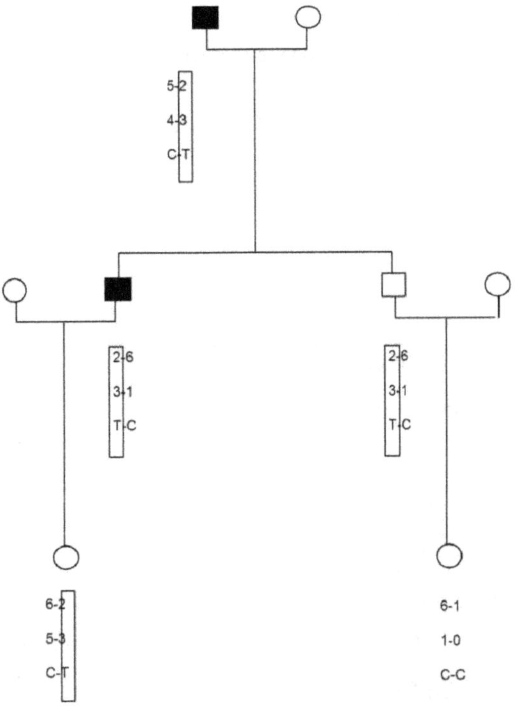

Figure n°18 : Arbre généalogique de la famille portant la substitution C2320T dans l'exon 17 du gène ACTN2.

Haplotypes des membres de cette famille ainsi que de l'individu contrôle pour les marqueurs microsatellites analysés dans la région de ce gène

(génotype 0 ; incertitude de lecture)

Tableau n°6 : Criblage des gènes codant l'alpha actinine cardiaque : variations génétiques identifiées et non connues

Le calcul des fréquences allèliques a été effectué sur la population de probants sur laquelle s'est fait le criblage du gène (incluant les 4 sujets sains servant de contrôles). Pour les variants Ala452Val et Thr773Met, le calcul inclue la(les) population(s) contrôle qui a (ont) été testée(s)

Nom du gène-(Gen bank accession number)	*Nucléotide changé*	*Acide aminé changé*	*Fréquence allèlique*
Alpha actinine 2 ACTN2 (mRNA M86406)	T-30ex1C	Non/	T = 94%
	T551C (exon 4)	Non/	C = 75%
	A+74ex4G	Non/	G = 75%
	A+22ex8G	Non/	G = 87%
	G-9ex10C	Non/	G = 85%
	G1469A (exon 12)	Non/	A = 2%
	C1514T (exon 12)	Non/	T = 0.4%
	C1531T (exon12)	Ala452Val/	T = 0.086%
	Del (ACAA) -25ex15	Non/	Del ACAA= 2.7%
	C2320T (exon 17)	Thr773Met/	T = 0.53%
	G2782A (exon 21)	Non/	G = 86%

<u>*Protéine ZASP*</u>

Nous avons analysé les 16 exons du gène (contig : AC010160.9) donnant par épissage alternatif les quatre isoformes de la protéine ZASP. Une transversion C/G située dans l'exon 12 du gène et conduisant à une substitution Pro□Arg à l'état hétérozygote a été identifiée chez un sujet d'origine caucasienne et atteint d'une forme sporadique de CMD (Figure n°19). Ce variant affecte les isoformes AJ133767 (en position 920 de l'ARNm, Proline 308 de la protéine, accession numbers : CAB46728) et AJ133768 (position 482 de l'ARNm, proline 161 de la protéine, accession numbers : CAB46729), deux des trois isoformes spécifiques des muscles squelettique et cardiaque. La troisième isoforme (AJ133766), de taille beaucoup plus réduite, étant privée de cet exon 12.

Individu sain

Individu présentant une CMD

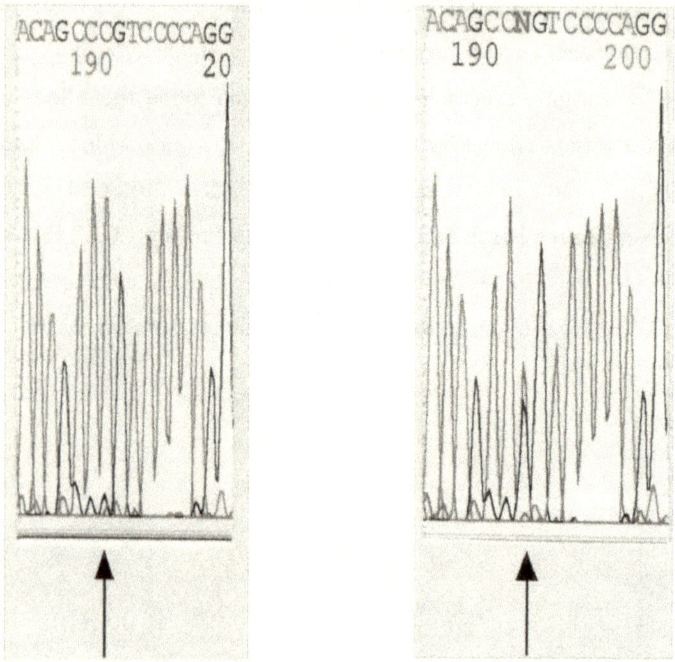

Transversion C→G

Figure 19 : Electrophérogramme montrant la transversion G → C identifiée dans l'exon 12 du gène codant la protéine ZASP et substituant un acide aminé proline en arginine

La variation identifiée introduit un site de restriction pour l'endonucléase de restriction AvaII. Nous avons donc utilisé cette enzyme pour rechercher la présence du variant dans une population de sujets contrôles d'origine caucasienne, soit au total 202 témoins. Cette variation n'a été retrouvée chez aucun d'entre eux. Si l'on tient compte également de la population de patients CMD chez laquelle le gène a été étudié, cela porte à 300 le nombre de personnes analysées qui ne présentent pas cette variation.

La proline est le seul acide aminé à posséder un cycle contenant la fonction amine responsable de la liaison peptidique. Cette structure particulière entraîne des coudes dans la structure secondaire de la protéine et est à l'origine d'une conformation rigide. Toute substitution faisant intervenir une proline modifie donc très probablement la structure secondaire de la protéine. En outre l'arginine présente une chaîne latérale chargée positivement. La charge électrique de la protéine s'en trouve donc modifiée.

La figure n°20 montre l'alignement de la région du gène codant la protéine ZASP contenant le variant identifié avec les gènes codant les protéines cypher (équivalent de ZASP chez la souris) et oracle (protéine contenant des domaines PDZ et LIM et spécifique du cœur chez la souris), indiquant une conservation relative de cette région entre l'homme et la souris.

```
ZASP133768        VVVNSPANAASSAPATHTSYSEGPAAPAPKPRVVTTASIRPSVYQPVPASTYSPSPGANY
Cypher1           ASAYSPAAAASPAPSAHTSYSEGPAAPAPKPRVVTTASIRPSVYQPVPASSYSPSPGANY
Oracle2           ASAYSPAAAASPAPSAHTSYSEGPAAPAPKPRVVTTASIRPSVYQPVPASSYSPSPGANY
Oracle1           ASAYSPAAAASPAPSAHTSYSEGPAAPAPKPRVVTTASIRPSVYQPVPASSYSPSPGANY
Cypher2           VVANSPANADYQERFNPSVLKDSALSTHKPIEVKGLGGKATIIHAQYNTPISMYSQDAIM
                  . . *** *        :  .:.. :.    .*   ..  . ::    :.    * .*

ZASP133768        SPTPYTPXPAPAYTPSPAPAYTPSPVPTYTPSPAPAYTPSPAPNYNPAPSVAYSGGPAEP
Cypher1           SPTPYTPSPAPAYTPSPAPTYTPSPAPTYTPSPAPAYTPSPAPNYTPTPSAAYSGGPSES
Oracle2           SPTPYTPSPAPAYTPSPAPTYTPSPAPTYSPSPAPAYTPSPAPNYTPTPSAAYSGGPSES
Oracle1           SPTPYTPSPAPAYTPSPAPTYTPSPAPTYSPSPAPAYTPSPAPNYTPTPSAAYSGGPSES
Cypher2           DAIAGQAQAQGSDFSGASPLASLPVKDLAVDSASPVYQAVIKTQSKPEDEADEWARRS--
```

Figure 20 : Alignement de séquences de la protéine ZASP avec les protéines Cypher 1 et 2 (équivalentes chez la souris de ZASP) et Oracle 1 et 2 (Protéines PDZ avec domaine LIM spécifique du cœur chez la souris) et montrant la conservation entre les espèces de l'acide aminé Proline retrouvé muté chez un cas sporadique atteint de CMD.

L'individu présentant cette mutation est une femme née en 1945. Elle présente une CMD sans troubles de conduction ni troubles musculaires. Le taux de CPK n'est pas augmenté. Le diagnostic a été posé en 1974 en post partum. L'échocardiographie, réalisée en 2000, montre un ventricule gauche dilaté sans hypertrophie avec un diamètre télédiastolique de 67 mm ainsi qu'une dilatation de l'oreillette gauche et une fraction d'éjection de 36 %. Elle présente également une dyspnée d'effort au stade II à III de la NYHA. Le seul antécédent familial connu est un frère décédé d'une mort subite à 51 ans.

La rareté de cette variation ainsi que la modification probable de structure protéique qu'elle engendre laisse donc présager qu'il s'agit d'une mutation ayant des conséquences fonctionnelles sur la fonction de la protéine au sein de la cellule musculaire. A ce jour aucune mutation dans ce gène n'a encore été rapportée.

Le fait que des mutations dans les gènes codant la protéine ZASP et l'alpha actinine cardiaque n'aient été retrouvées que chez deux cas sporadiques sur 99 analysés, d'où une fréquence de cas associés à ce gène de l'ordre de 1 %, indique que ces gènes sont, eux aussi, vraisemblablement impliqués dans un nombre limité de cas de CMD. L'étude de ces gènes dans d'autres populations permettra d'estimer plus précisément la fréquence de cas de CMD qui leur sont associés.
Qu'il s'agisse de la l'alpha actinine cardiaque ou de la protéine ZASP, des études complémentaires sont nécessaires pour éclaircir les conséquences physiopathologiques des mutations retrouvées. Des études d'immunocytologies sur des coupes de muscles squelettiques (ces deux protéines étant aussi exprimées dans les muscles striés squelettiques) seraient par exemple utiles pour vérifier la présence (ou l'absence), la localisation ainsi que l'organisation de la protéine au sein de la cellule chez ces patients porteurs des mutations trouvées. L'étude de l'expression des protéines mutantes dans des modèles cellulaires après clonage dans un vecteur d'expression est également envisageable.

Toutefois, il est possible d'émettre quelques hypothèses physiopathologiques. En effet, la protéine ZASP interagit via son domaine PDZ avec de nombreuses protéines de la bande Z, notamment l'actinine cardiaque (Faulkner et coll., 1999). On peut penser que la mutation Pro□Arg induit un changement de conformation de la protéine qui rendrait inaccessibles ces domaines de liaison. Zhou et coll. (2001) ont généré des souris knock-out pour le gène codant la protéine cypher (équivalent chez la souris de la protéine ZASP). L'analyse en microscopie électronique de coupes de muscles striés squelettique et cardiaque montre une désorganisation dès le stade embryonnaire des bandes Z et une complète absence après la naissance. En revanche au niveau de sections du muscle diaphragmme non soumis à des contractions, la structure de la bande Z n'est pas altérée suggérant un rôle de cette protéine dans le maintien de la bande Z au cours de la contraction (Zhou et coll., 2001).

Le même type d'hypothèse peut être formulé concernant l'actinine cardiaque, à savoir des altérations des interactions protéine-protéine. Cependant, cette protéine est aussi associée à des canaux ioniques. Une perturbation de la régulation de ces canaux ou encore de leur ancrage dans la membrane plasmique peut être supposée.

C. APPROCHE GENE CANDIDAT (3)

Analyse de trois gènes candidats codant le phospholamban cardiaque et les bêta et delta sarcoglycanes

ARTICLE 3 : Mutational analysis of the beta and delta-sarcoglycan genes in a large population of familial and sporadic dilated cardiomyopathy

Sylvius N, Duboscq-Bidot L, Bouchier C, Charron P, Benaiche A, Sébillon P, Komajda M, Villard E.

Am J Med Genet A. 2003 Jul 1;120A(1):8-12.

PMID: 12794684

Cf. article original à la fin de ce manuscript

L'ensemble des données génétiques concernant la CMD souligne l'importance des protéines du sarcomère et du cytosquelette dans le développement de la maladie. Cependant, la pénétrance ainsi que l'expressivité variable de cette maladie, y compris au sein d'une même famille, ne doit pas faire oublier le rôle de gènes modificateurs du phénotype. Ces gènes peuvent d'ailleurs appartenir à diverses voies métaboliques (régulation calcique, régulation adrénergique…).

Sur la population sur laquelle a déjà porté l'étude de l'actine alpha cardiaque (soit 86 sujets familiaux et 41 cas sporadiques, 4 témoins sains servant de contrôles internes), nous avons donc entrepris l'analyse des gènes codant les delta et bêta-sarcoglycanes et qui a donné lieu à un article présenté ci-après, ainsi que le gène codant le le phospholamban cardiaque (cf. plus loin).

ARTICLE N°3

1. Introduction

Ces gènes codent des protéines faisant partie du complexe sarcoglycane associé à la dystrophine et enchâssé dans le sarcolemme. Le delta sarcoglycane est exprimé exclusivement dans les cellules musculaires lisses et striées, alors que le

bêta-sarcoglycane, bien qu'ubiquitaire, est exprimé préférentiellement dans le muscle cardiaque et les muscles squelettiques.
S'agissant du delta-sarcoglycane, des mutations sont déjà connues dans la CMD isolée ainsi que chez les souches BIO14.6 et TO-2 de hamster syrien cardiomyopathe, deux modèles de cardiomyopathie hypertrophique et dilatée (Nigro et coll., 1997; Tsubata et coll., 2000).
S'agissant du bêta-sarcoglycane, des mutations de ce gène ont été rapportées chez deux sujets atteints de dystrophies musculaires des ceintures et décédés de forme sévère de CMD (Barresi et coll., 2000).

2. Matériel et méthode

Les gènes codant le bêta sarcoglycane et le phospholamban ont été analysés par la technique PCR-SSCP dans les conditions précédemment décrites dans notre article (Tesson et coll., 2000) et dans la partie Matériel et Méthodes. En revanche, l'analyse du gène codant le delta sarcoglycane a été réalisée par séquençage direct dans les conditions déjà décrites dans le chapitre Matériel et Méthodes.
Toutes les amorces oligonucléotidiques sont listées dans les tableaux (b), (c), (d), en annexe.

3. Résultats et discussion

Gènes codant les bêta et delta sarcoglycanes

Aucune des variations trouvées dans ces deux gènes ne peut être considérées comme directement responsables de la maladie, chacune étant retrouvés chez des sujets contrôles. La plupart sont des SNP (Single Nucleotide Polymorphism). Ce travail fournit néanmoins une liste non exhaustive de polymorphismes qui en fonction de la fréquence des allèles pourront servir pour des études d'association ultérieures et permettre ainsi de préciser le rôle de ces protéines dans la CMD voire d'autres pathologies cardiaques et/ou musculaires (cf. article 3). En effet, certains polymorphismes (polymorphisme T/C dans l'intron 2 du gène codant le bêta sarcoglycane ou polymorphisme T84C du gène codant le delta sarcoglycane) déjà connus ont été retrouvés dans notre cohorte de patients avec des fréquences allèliques différentes de celles précédemment publiées (Nigro et coll., 1996b) ou rapportées dans les bases de données (dbSNP, http://www.ncbi.nlm.nih.gov/).

PHOSPHOLAMBAN CARDIAQUE

1. Gène codant le phospholamban cardiaque

L'importance du calcium et du phospholamban cardiaque a été largement commenté dans l'introduction. Le phospholamban cardiaque est une protéine majeure de la régulation de l'homéostasie calcique de la cellule cardiaque. Le phospholamban est situé sur la membrane du RS au niveau de laquelle il contrôle l'activité de SERCA2a (Calcium ATPase du RS) et par voie de conséquence, la relaxation. La phosphorylation du phospholamban entre autre par la voie des récepteurs bêta-adrénergiques, lève l'inhibition de SERCA2a, augmentant ainsi le recaptage du calcium par le RS et donc la vitesse de relaxation et conduisant à une baisse de la durée de la contraction (Figure n°6). L'expression de ce gène est depuis longtemps étudiée dans l'insuffisance cardiaque, mais les résultats sont contradictoires, certains auteurs retrouvant sur des cœurs insuffisants une baisse du taux d'ARNm ou de la quantité protéique (Arai et coll., 1993; Kiss et coll., 1995; Linck et coll., 1996) alors que d'autres, au contraire, n'observent aucune différence (Movsesian et coll., 1994; Schwinger et coll., 1995). Aucune mutation de la séquence du gène n'est associée à une pathologie cardiaque. Le gène codant le phospholamban se compose de 2 exons. L'ARNm du phospholamban est constitué de 1631 nucléotides mais seule une partie de 159 nucléotides située dans l'exon 2 est traduite.

2. Materiels et méthode

Voir le chapitre Matériels et Méthode.

Cependant, pour ce gène, en plus des exons et jonctions introns – exons, 216 paires de bases de la région promotrice du gène ont également été amplifiées en même temps que l'exon 1. Toutes les amorces oligonucléotidiques sont listées dans les tableaux (b), (c), (d), en annexe.

3. Résultats et discussion

Trois variants ont été mis en évidence (Tableau n°7) :

1) Un variant C-120T dans la région 5' non traduite de l'exon 1. Ce variant a été identifié chez un cas sporadique. L'analyse en SSCP n'a pas permis de retrouver ce variant dans la population testée de 100 individus contrôles non apparentés.

2) Un polymorphisme C-56T dans la région 5' non traduite de l'exon 2 et identifié chez un cas familial. Après vérification par SSCP, ce variant n'a pas été retrouvé chez les autres membres atteints de la même famille.

3) Un polymorphisme C208T dans l'exon 2 identifié chez deux sujets de la même famille mais ne changeant pas l'acide aminé (Arg/Arg)

Tableau 7 : Variations génétiques identifiées dans le gène phospholamban cardiaque

Le calcul des fréquences allèliques a été effectué sur la population de probants analysée (incluant les 4 sujets sains servant de contrôles internes). Pour le variant C-120T, le calcul inclue la population contrôle qui a été testée. spo = cas sporadique, fam = cas familiaux

Nom du gène (Genbank accession number)	*Symbole Localisation chromosomique/ Longueur de l'ARNm*	*Changement nucléotidique*	*Variation connue/ Acide aminée modifié*	*Individus indépendants présentant la variation*	*Individus indépendants testés*	*Fréquence allèlique*
phospholamban cardiaque	*PLN* 6q22.1 1635 pb	C-120T (5'UTR)	Non/ Non	spo	199	T=0.25%
		C-56T (5'UTR)	Non/ Non	fam	99	T=0.5 %

(mRNA, M63603)		C208T	Non/ Non	fam	99	T=0.5 %

A ce jour, aucune variation de la séquence codante du gène codant le phospholamban cardiaque n'a été rapportée. La séquence de cette protéine est extrêmement conservée au cours de l'évolution comme la montre la figure n°21.

```
Souris      MEKVQYLTRSAIRRASTIEMPQQARQNLQNLFINFCLILICLLLICIIVMLL
Porc        MDKVQYLTRSAIRRASTIEMPQQARQNLQNLFINFCLILICLLLICIIVMLL
Humain      MEKVQYLTRSAIRRASTIEMPQQARQKLQNLFINFCLILICLLLICIIVMLL
Poulet      MEKVQYITRSALRRASTLEVNPQARQRLQELFVNFCLILICLLLICIIVMLL
            *:****:****:*****:*:  ****.**:**:*******************
```

Figure n°21 : Alignements des différentes séquences protéiques du phospholamban cardiaque, montrant la haute conservation de cette protéine au cours de l'évolution

On peut envisager que la mutation C-120T soit fonctionnelle dans la mesure où :

1) le phospholamban est soumis au sein de la cellule cardiaque à une régulation très fine (cf. Introduction).

2) ce variant est absent d'une population contrôle

3) les régions 5' non traduites sont connues pour réguler la traduction des ARNm ainsi que leur stabilité (pour revue voir (Pallier, 2001)). La sous-unité ribosomique 40S est en effet en étroite relation avec cette région au moment de l'initiation de la traduction. La formation de structures secondaires (tiges, boucles stables), qui sont susceptibles de se former au niveau de cette région, pourraient modifier l'efficacité de la traduction en perturbant l'accès aux différents facteurs d'initiation. Les logiciels de prédiction de structures secondaires des ARN (Logiciel mfold version 3.1 disponible sur http://bioinfo.math.rpi.edu/~zukerm/) prédisent en effet une modification de la structure secondaire de l'ARNm muté par rapport à l'ARN sauvage et notamment la suppression au niveau de cette région d'une partie normalement sous forme simple brin (tige) sur l'ARNm sauvage (Figure n°22). Ces résultats sont évidemment indicatifs.

Leur interprétation doit se faire avec précaution dans la mesure où il ne s'agit que de prédiction de structures selon des algorithmes de calcul.
On sait également que sur les ARNm, il existe des interactions entre des séquences spécifiques de la région 5'UTR et des protéines régulatrices de l'initiation de la traduction.La modulation de la fixation des sous-unités ribosomiques peut être responsable de pathologie (Mendell and Dietz, 2001). La présence de codon AUG en amont du véritable codon d'initiation et associé à de petits cadres ouverts de lecture (upstream ORF) peut également perturber la traduction selon que cet AUG se situe dans un environnement favorable à la traduction ou non. Ceci peut alors amener à des phénomènes de ré-initiation interne de la traduction (par le complexe ribosomique 48S) et aboutir à la synthèse de peptides courts, ces codons étant souvent suivis de très près par des codons de terminaison. Or il se trouve que le variant C-120T se situe précisément 5 paires de bases en amont d'un autre AUG. Le variant C-120T peut donc influencer de façon favorable ou non l'initiation de la traduction d'un peptide court. Ces codons AUG en amont du véritable codon d'initiation influencent l'efficacité de l'initiation de la traduction, d'où l'importance des séquences avoisinantes (et donc ici le variant C-120T) suscéptibles de les rendent plus ou moins fonctionnels.

Des mutations dans les régions 5'UTR de gènes et conduisant à des altérations de séquences régulatrices (séquences IRE pour iron responsive elements, ou IRES internal ribosome entry sites) ont déjà été rapportées comme responsable de pathologies (maladie de Charcot-Marie-Tooth, syndrome héréditaire cataracte hyperferritinémie) (Mendell and Dietz, 2001).
En Conclusion, des tests fonctionnels seront absolument indispensables pour vérifier ces hypothèses et révéler les éventuelles conséquences du variant C-120T sur l'expression et la régulation de la protéine. Ces tests fonctionnels seront également nécessaires pour les polymorphismes C208T et C-56T. En effet, des modifications du phénotype de CMD induites par ces variations génétiques ne peuvent être exclues.

DISCUSSION GENERALE

La CMD représente une cause importante de mortalité/morbidité avec un coût élevé pour les systèmes de santé. L'hétérogénéité génétique de la maladie a été largement documentée. Les gènes morbides décrits n'expliquent qu'une part limitée des cas de CMD. D'où l'importance de connaître toutes les protéines conduisant à un phénotype de CMD, afin d'apporter une aide au diagnostic mais également de dépister au plus tôt la maladie chez les sujets à risque pour ensuite envisager des mesures thérapeutiques spécifiques.

C'est pourquoi, au cours de ce travail nous avons tenté d'identifier dans un panel de patients atteints de cette pathologie, les gènes responsables. Nous avons suivi en parallèle deux stratégies de recherche : le clonage positionnel et le criblage de gènes candidats. Nous avons ainsi identifié un nouveau locus morbide en 6q12-q16 dans une grande famille d'origine française. La prévalence des cas de CMD liés à des mutations dans les gènes *DES, ACTC, DSG et BSG* a été estimée. L'implication de ces gènes en tant que gène majeur dans la CMD a ainsi été exclue si bien que le criblage systématique de ces gènes est peu envisageable. Enfin, nous avons également identifié pour la première fois des mutations dans les gènes *ACTN* et de la protéine ZASP chez des patients atteints d'une forme sporadique de CMD. Des variants génétiques dans le gène codant le phospholamban cardiaque, dont l'un peut potentiellement être une mutation, a également été décrit.

Hypothèses physiopathologiques conduisant à la CMD ?

A l'heure actuelle, il est possible d'émettre quelques hypoyhèses.

1. Transmission de force

Après la dystrophine dans les formes liées au chromosome X, l'identification d'anomalies dans l'actine alpha cardiaque dans sa partie interagissant avec le cytosquelette, puis dans la desmine, a conforté l'hypothèse (Towbin, 1998) qu'un défaut dans la **transmission de la force de contraction** du sarcomère vers le sarcolemme provoquée par une altération du cytosquelette, pouvait constituer un mécanisme physiopathologique plausible. Dans cette hypothèse, le remodelage ventriculaire qui s'ensuit servirait alors à compenser la baisse de la fonction systolique. En outre, les données sur la génétique de la CMH semblent accréditer cette hypothèse. En effet, les gènes identifiés dans cette pathologie codent pour la plupart pour des protéines appartenant au sarcomère (Bonne et coll., 1998; Franz et coll., 2001). La CMH apparaît donc comme une maladie liée à un défaut de production de force, par opposition à la CMD pour laquelle c'est la transmission de cette force qui apparaît altérée. A l'heure actuelle, cette hypothèse n'est pas fondamentalement remise en cause. D'ailleurs, les mutations que nous avons identifiées dans les gènes *ACTN2* et de la proétine ZASP renforcent un peu plus cette hypothèse.

2. Production de force

La découverte de mutations dans les gènes *MYH7, TNNT2*, et *TPM1* (Kamisago et coll., 2000; Li et coll., 2001; Olson et coll., 2001) a montré qu'une anomalie affectant la **capacité du sarcomère à produire la force** de contraction est également susceptible de conduire à une CMD. En effet, la mutation Ser532Pro du gène *MYH7*, affecte la structure en alpha hélice de la tête de la protéine, c'est-à-dire la partie directement impliquée dans la liaison avec l'actine alpha cardiaque. Quant à la mutation Phe764Leu, elle se situe dans une zone flexible, à la jonction de la tête et du corps de la protéine. Cette zone dite "charnière" permet la transmission du mouvement et actionne le filament épais, (Figure n°4 dans l'introduction). L'une ou l'autre de ces deux mutations dans le gène *MYH7* affecte très vraisemblablement l'intensité de la force produite par le sarcomère.

3. Lamine et dégénérescence cellulaire

Les lamines A et C sont exprimées dans de nombreuses cellules. Leur fonction exacte dans les cellules qui ne se divisent pas, comme les cellules cardiaques, est difficile à appréhender mais il semble que l'intégrité de la membrane nucléaire, à laquelle elles participent, soit primordiale pour résister aux contraintes mécaniques imposées par la contraction. Autre hypothèse, cette perte d'intégrité de la membrane nucléaire pourrait conduire à une dégénérescence cellulaire prématurée et une fibrose. D'autre part, l'alteration des interactions entre les lamine A et C avec les protéines cytoplasmiques (protéines des filaments intermédiaires ou actine cytosquelettiques peut être envisagée (Fatkin et coll., 1999; Seidman and Seidman, 2001).

3. Autres mécanismes physiopathologiques

Qu'il s'agisse de la CMD liée aux gènes *LMNA, MYH7* ou aux autres gènes, la participation au remodelage ventriculaire de gènes appartenant à des voies métaboliques autres semble indiscutable (étant donné la variabilité du phénotype y compris au sein d'une même famille), d'autant que de nombreux gènes restent à identifier et que tous les gènes candidats analysés à ce jour appartiennent au cytosquelette ou au sarcomère. De même, le fond génétique dans lequel survient la mutation apparaît essentiel. Ceci est mis en évidence dans les modèles animaux : la délétion dans la région 5' du delta sarcoglycane conduit par exemple selon la souche de hamster à une cardiomyopathie soit dilatée (souche TO-2) soit hypertrophique (souche BIO14.6, UMX7.1) (Sakamoto et coll., 1997).

Les mécanismes physiopathologiques conduisant aux CMD et CMH sont-ils en partie communs ?

On voit que de nombreux gènes sont communs aux deux pathologies. En outre, chez l'homme, on observe parfois une CMH évoluer vers une CMD. Certaines mutations sont d'ailleurs associées à des formes de CMH évoluant vers une CMD (Regitz-Zagrosek et coll., 2000). Dans les modèles animaux génétiquement modifiés, on constate, par ailleurs, que certaines mutations (gènes *Mybpc3* ou *Myh6* chez la souris) conduisent à une hypertrophie à l'état hétérozygote et à une dilatation à l'état homozygote (Fatkin et coll., 1999; McConnell et coll., 1999). Ces données plaident en faveur d'un mécanisme commun aux deux pathologies mais cette hypothèse n'est que partiellement confirmée par les études cliniques. En effet, deux études rapportent le cas de patients homozygotes pour les mutations dans les gènes *MYH7* et *TNNT2* et présentant une hypertrophie cardiaque sans dilatation (Ho et coll., 2000; Nishi et coll., 1994). En revanche, une étude récente montre que des sujets homozygotes pour la mutation R869G dans le gène *MYH7* présentent une atteinte cardiaque sévère avec altération de la fonction systolique et une dilatation auriculaire (Richard et coll., 2000). Fatkin et coll. (1999) qui ont conduit l'étude sur les souris génétiquement modifiées avec mutation dans la chaîne lourde de la myosine alpha avancent l'hypothèse d'un peptide poison dont l'incorporation dans le sarcomère conduirait à une mort cellulaire (Fatkin et coll., 1999). Concernant les souris homozygotes pour le gène mutant de la protéinc C de liaison à la myosine, il semble que le fonctionnement du sarcomère reste inadéquat malgré des phénomènes de compensation si bien que d'autres voies métaboliques seraient activées, comme en témoigne la mort cellulaire que l'on observe chez ces souris, ainsi que la fibrose, et l'altération de l'expression des gènes codant l'actine alpha squelettique, le BNP ou la chaîne lourde bêta de la myosine (McConnell et coll., 1999).

Seidman & Seidman, dans une revue récente suggérent par ailleurs la possibilité d'une évolution vers l'une ou l'autre des deux pathologies se faisant en fonction de la gravité de la dysfonction cardiaque provoquée par la mutation. Les dysfonctions graves donnant lieu préférentiellement à une dilatation (Seidman and Seidman, 2001).

Autre hypothèse : cette évolution vers l'une ou l'autre des deux pathologies pourrait s'expliquer par la présence conjointe de deux mutations dans deux gènes différents (double hétérozygote). En effet, la recherche parmi les patients porteurs d'anomalies dans un gène responsable de CMD, de mutations dans les autres gènes impliqués dans une cardiomyopathie (en particulier CMH) n'a à ce jour encore jamais été rapportée. Dans la CMH, par exemple, l'existence de patients double hétérozygote (gènes *MYH7* et *MYBPC3*) a déjà été rapportée (Richard et coll., 1999).

Quels sont les facteurs déterminant l'évolution soit vers la CMD soit vers la CMH ?

Comprendre comment des altérations dans un même gène peuvent conduire à des phénotypes différents reste un défi majeur à relever dans la connaissance des cardiomyopathies. Dans le cas du gène codant les lamines A/C, par exemple, l'hypothèse d'une possible régionalisation fonctionnelle du gène a été avancée. En effet, les mutations conduisant à une CMD sans troubles musculaires sont, à l'exception d'une seule, concentrées dans la région proximale du domaine en bâtonnet (cf. figure 8 de l'introduction). De même, exception faite d'une mutation stop située en tout début de gène, les mutations responsables de la dystrophie musculaire d'Emery-Dreifuss (EDMD) ou de la dystrophie musculaire des ceintures sont des mutations faux-sens situées dans deux zones : soit dans la région centrale du domaine en bâtonnet, soit dans le domaine C-terminal ou domaine queue commun au deux isoformes A et C (tail domain), (Figure n°8). Or, les interactions entre les lamines A/C et l'Emerine, l'autre protéine responsable d'EDMD, se réalisent précisément par l'intermédiaire de ce domaine C-terminal. Enfin, entre les deux zones EDMD, se situent les mutations faux-sens à l'origine de lipodystrophie. Cette hypothèse peut évidemment être mise en défaut dans la mesure où ça n'est pas le gène en lui-même qui, au sein de la cellule, est fonctionnel mais bien la protéine qu'il code. Il serait par conséquent préférable de s'intéresser sur une représentation tridimensionnelle de la protéine à la position des acides aminés mutés. Ceci est vérifié dans le cas de l'actine alpha cardiaque. En effet, les mutations responsables de CMD se retrouvent dans la partie de la protéine interagissant avec la bande Z et non dans sa région d'interaction avec la myosine. Enfin, cette hypothèse est également relativisée par l'identification récente de nouvelles mutations associées aux dystrophie musculaire d'Emery-Dreifuss et dystrophie musculaire des ceintures (Ki et coll., 2002) et à la lipodystrophie avec atteinte cardiaque (Garg et coll., 2002) (mutations non représentées sur la figure n°8). Des différences de sensibilité au calcium de la myofibrille peuvent également être envisagées. En effet, dans une étude effectuée sur des fibres musculaires pelées de lapin, Morimoto et coll. (2002) ont montré que la mutation ΔLys210 dans le gène codant la troponine T et responsable d'une forme familiale de CMD, induit une désensibilisation au calcium de la myofibrille et donc une diminution de la force de contraction de la myofibrille. La mutation ΔE160 responsable de CMH induit au contraire une augmentation de la sensibilité au calcium de la myofibrille (Morimoto et coll., 2002). La mutation ΔLys210 intéresse un domaine de la protéine impliqué dans la liaison à la troponine C et sensible au calcium. Selon toute hypothèse, cette mutation altère donc l'interaction entre troponine T et troponine C. Les auteurs en concluent donc que les mutations dans le gène codant la troponine T induisent soit une hypertrophie soit une dilatation selon que cette sensibilité au calcium est augmentée ou diminuée.

Enfin, les interactions électrostatiques entre protéines peuvent également jouer un rôle déterminant. Dans le cas de l'alpha tropomyosine par exemple, les mutations identifiées dans les CMD, contrairement à celles trouvées dans la CMH, introduisent à la surface de la protéine une charge positive dans un environnement négatif. Or les interactions électrostatiques entre l'alpha tropomyosine et l'actine sont nécessaires dans la liaison entre ces deux protéines (Bing et coll., 1998).

Hétérogénéité génétique de la CMD : quelles conséquences ?

La CMD est marquée par une grande variabilité génétique (neuf gènes identifiés à ce jour). Il semble de plus en plus vraisemblable que l'on tende vers une situation où chaque gène morbide ne compte que pour une part très faible de l'ensemble des cas de CMD ainsi que nous l'avons confirmé dans notre étude des gènes *ACTC, DES, BSG et DSG.* Cette hétérogénéité rendra très difficile le génotypage en routine et par voie de conséquence, le diagnostic génétique. Or ceci est nécessaire pour la mise en place de consultations de conseil génétique (diagnostics prénataux, diagnostics prédictifs pour les sujets asymptomatiques, stratification pronostique). D'autre part, cette hétérogénéité génétique, ajoutée à la mortalité importante, risque de rendre les études sur les relations génotypes-phénotypes difficiles à réaliser. Or ces études sont nécessaires pour préciser les facteurs qui modulent l'expression de la maladie. En effet, elles permettent de mieux définir la pénétrance de la maladie, de préciser le pronostic associé à chaque mutation et/ou à chaque gène ainsi que l'âge d'apparition des premiers symptômes, le degré de gravité associé à chaque gène et/ou mutation ou enfin les risques de mort subite. Ce type d'étude a déjà été entrepris dans la CMH, notamment pour les gènes *MYH7*, *MyBPC3* ou encore *TNNT2* (Charron et coll., 1998; Tesson et coll., 1998).

Il apparaît également important de rechercher à côté du gène causal, les autres facteurs notamment environnementaux et génétiques tels que les gènes modificateurs du phénotype, qui influent sur l'expression de la maladie (voir pour revue(Charron and Komajda, 2001)). S'agissant des gènes modificateurs, là encore, la difficulté d'obtention de familles de grande taille posera problème. Néanmoins, il est possible d'étudier les gènes modificateurs au sein de patients atteints par la maladie mais non apparentés. Le principe consiste à comparer la sévérité de la maladie chez des patients atteints en fonction du génotype de polymorphismes situés dans des gènes candidats. On utilise généralement des courbes de survie Kaplan-Meier pour estimer le pronostic en fonction du génotype. Ainsi, le polymorphisme Ile 164 du gène codant le récepteur bêta 2 adrénergique a été trouvé associé à l'augmentation de la mortalité chez les patients en insuffisance cardiaque due à une CMD ou une cardiomyopathie ischémique (mortalité à 1 an de 42 % pour les patients Ile164 vs. 76 % pour les patients Thr164) (Liggett et coll., 1998). Des polymorphismes situés dans d'autres gènes (polymorphisme I/D du gène codant l'ACE, mutation non sens dans le gène codant l'adénosine monophosphate déaminase *AMDP1*) ont également été analysés dans le cadre de l'insuffisance cardiaque (voir pour revue(Charron and Komajda, 2001)).

Concernant les facteurs environnementaux, l'une des méthodes pour les étudier et notamment quantifier la part des facteurs génétiques par rapport aux facteurs environnementaux, est l'étude des concordances (comparaison des phénotypes et de l'évolution de la maladie) entre jumeaux monozygotes (dont le génotype est identique) et jumeaux dizygotes (qui n'ont que la moitié de leur gène en commun). Aucune étude de ce type n'a encore été effectuée dans la CMD. En effet, ces études ne sont réalisables que dans le cas de maladies fréquentes. Or, la prévalence de la CMD, estimée à 36/100 000 (voir pour revue (Dec and Fuster, 1994)) et la mortalité élevée, compliquent sérieusement le recrutement de familles et a fortiori de jumeaux, rendant ainsi difficilement applicable cette méthode.

Génétique et pratique clinique : quelle stratégie pour le clinicien ?

En tenant compte de l'ensemble des données génétiques disponibles actuellement sur la CMD, on peut dire que la démarche qui s'offre actuellement au clinicien qui reçoit un patient avec une CMD et qui cherche à optimiser son diagnostic et la prise en charge de son malade est la suivante :

1- définir s'il s'agit d'une CMD idiopathique sur la base d'un examen clinique complet (échocardiographie, coronarographie…cf. partie Matériel et Méthodes)

2- définir s'il s'agit d'une forme familiale (histoire familiale, enquête et examens cliniques auprès des apparentés (Mestroni et coll., 1999b))

3- pour orienter les analyses moéculaires :

- effectuer un examen musculaire qui orienterait vers une dystrophie musculaire d'Emery-Dreifuss ou une dystrophie musculaire des ceintures et donc vers les gènes codant les lamines A/C, le delta sarcoglycane ou vers le locus 6q23 (Messina et coll. 1997)
- effectuer un dosage des CPK qui orienterait vers une forme liée à l'X (orientant vers gène codant la dystrophine) ou une forme liée à une myopathie (orientant vers le gène codant les lamine A/C).
- vérifier la présence de troubles de conduction (block auriculo-ventriculaire) ou de dysfonctions synusales orientant vers le gène codant les lamines A/C ou vers les loci 2q14-q22, 3p22-p25 ou 10q21.
- vérifier la présence de troubles auditifs orientant vers le locus 6q23-q24 et le gène *EYA4*.
- dans le cas d'une CMD isolée, l'analyse moléculaire peut s'orienter vers les gènes codant l'actine alpha cardiaque, la desmine, la titine, la tropomyospine, la métavinculine ou la chaîne lourde bêta de la mysosine.

PERSPECTIVES

Suites envisageables à donner à ce projet

1) Concernant la famille dont le gène morbide a été localisé en 6q12-q16, continuer de cribler les gènes candidats de cette région en se tenant informé des avancées sur le séquençage de cette région et sur l'identification et la cartographie des nouveaux gènes.

2) Tenter d'agrandir les autres familles dont le Lod score maximal est proche du seuil de significativité.

3) Continuer le criblage de gène candidats sur la population de propositus disponibles au laboratoire, soit 99 propositus non apparentés. Cette population est d'ailleurs appelée à grandir, dans la mesure où le recrutement est toujours en cours. Un recrutement à l'échelle européenne est en cours (EUROGENE). L'un des autres gènes à envisager en priorité serait par exemple le gène codant la protéine C de liaison à la myosine. Ce gène est en effet un excellent candidat étant donnée la position centrale de la protéine au sein du sarcomère et compte tenu de ses interactions avec des protéines telle que la titine. En outre, il s'agit de l'un des gènes les plus fréquemment impliqué dans la CMH familiale (Franz et coll., 2001), en particulier dans la population française. Or à ce jour, de nombreux gènes morbides sont communs aux CMD et CMH (*ACTC, TPM1, MYH7, TNNT2, TTN*) (cf. Figure 8). Enfin, il existe un modèle de souris avec mutation dans ce gène conduisant soit à une hypertrophie cardiaque (mutation à l'état hétérozygote) soit à une dilatation cardiaque (mutation à l'état homozygote) (McConnell et coll., 1999).

Les autres gènes codant des protéines du sarcomère ou du cytosquelette constituent également d'excellents candidats tout comme les gènes codant les protéines des disques intercalaires. La desmoplakine, une protéine des desmosomes a ainsi été rapportée dans une forme récessive de CMD (Norgett et coll., 2000).

4) Concernant les gènes codant l'alpha actinine et la protéine ZASP, envisager leur analyse dans de plus larges populations de patients atteints de CMD mais également d'autres pathologies cardiaques et/ou musculaires (comme la CMH familiale par

exemple pour laquelle toutes les mutations ne sont pas connues (Franz et coll., 2001)), afin de voir s'il existe d'autres sujets porteurs d'anomalies dans ces gènes. Cela permettra d'appréhender plus précisément les fonctions des protéines codées par ces gènes et d'estimer la prévalence des cas de CMD qui leur sont liés.

5) Envisager des études fonctionnelles pour tenter d'élucider le rôle des mutations et polymorphismes retrouvés dans les gènes codant l'alpha actinine cardiaque, la protéine ZASP et le phospholamban.

S'agissant de l'alpha actinine cardiaque et de la protéine ZASP, il s'agira d'étudier dans un premier temps, l'expression de la protéine mutée et de la protéine sauvage dans un modèle cellulaire (cellules musculaires de souris C2C12). Ce travail a été entrepris au sein de notre laboratoire. Le principe consiste à transfecter dans ces cellules grâce à un vecteur d'expression, l'ADNc sauvage obtenu par des techniques de RT-PCR et l'ADNc muté également obtenu par RT-PCR suivie d'une mutagénèse dirigée. L'étude de la localisation de la protéine dans la cellule se fera par des techniques d'immuno-cytochimie. Il sera ainsi possible par comparaison de repérer les anomalies de localisation ou d'intégration de la protéine au sein du myocyte.

L'obtention de biopsies musculaires des patients porteurs de ces mutations est également envisagée afin de vérifier directement sur des coupes tissulaires, par des techniques d'immunocytologie, la localisation dans les myocytes de la protéine. Ces études ont été initiées au sein du laboratoire.

Dans un deuxième temps, il sera alors intéressant de développer des modèles animaux (souris knock-out), afin d'étudier le phénotype cardiaque et préciser le rôle de ces deux gènes dans le fonctionnement des myocytes. Le développement d'animaux porteurs précisemment des mutations que nous avons trouvées (souris transgéniques) pourra compléter ces études. Ces analyses permettront de déterminer si le phénotype est la conséquence d'une haploinsuffisance ou au contraire d'un effet dominant négatif. Il sera également possible de voir s'il existe une corrélation entre le taux de protéine mutée exprimée dans le muscle et la sévérité de la maladie.

Les modèles d'animaux génétiquement modifiés permettent en autre de suivre l'évolution de la maladie tout au long de la vie de l'animal. Ainsi, pour certaines protéines déjà identifiées dans la CMH ou la CMD des modèles animaux ont déjà été fait (protéine tronquée, incorporation de mutation, ou animaux avec mutations spontanées).

Tableau n°9 : Modèles animaux dans la CMD

Gène	Phénotype	Références
MyBP-C	Souris hétérozygotes -/+ : CMH Souris homozygotes +/+ : CMD	(McConnell et coll., 1999)
alpha-MHC (mutation Arg403Gln)	Souris hétérozygotes 403/+ : CMH Souris homozygotes 403/403 : CMD	(Fatkin et coll., 1999).
Alpha tropomyosine	Souris hétérozygotes : mort embryonnaire Souris homozygotes : pas de phénotype particulier	(Blanchard et coll., 1997).
Desmine	Organisation anarchique des myofibrilles des mitochondries, dégénérescence des cellules musculaires. nécrose et calcification au niveau cardiaque	(Milner et coll., 1996).
Delta sarcoglycane (Hamster	Souche TO-2 : CMD Souche BIO14.6, UMX7.1 : CMH	(Sakamoto et coll., 1997).

syrien avec mutation spontanée)		

En conclusion, rappelons que l'objectif ultime des études génétiques reste l'amélioration du dépistage des sujets à risque ainsi que le développement d'outils thérapeutiques spécifiques de cette maladie afin d'enrayer son évolution vers l'insuffisance cardiaque et la mort subite. Nous espérons que l'approche génétique et ses développements permettent ainsi l'amélioration de la prise en charge de ces patients.

ANNEXE

TABLEAU n°8 : Tableaux de références (Genbank) des gènes mentionnés dans ce manuscript.

Nom du gène	*Référence (Genbank accession number)*	*Symbole*
Adénosine monophosphate déaminase	AH003129	*AMPD1*
ALP (Actinin associated LIM protein)	AF002282 AF002280	*ALP*
Alpha actin cardiaque	BC009978	*ACTC*
Alpha actinine 2	M86406	*ACTN2*
Alpha sarcoglycane	NM_000023	*SGCA*
Alpha tropomyosine	M19713	*TPM1*
ATPase du réticulum sarcoplasmique	BE677944	*ATP2A2* *SERCA2a*
Bêta sarcoglycane	NM_000232	*SGCB*
Chaîne lourde bêta de la myosine	AJ238393	*MYH7*
Chaînes régulatrices essentielles de la myosine cardiaque	NM_000258	*MYL3*
Chaîne régulatrice légère de la myosine cardiaque	NM_000432	*MYL2*
Cypher 1 et 2 (Mus Musculus)	AF114378 AF114379	*LDB3*
Delta Sarcoglycane	NM_000337	*SGCD*
Desmine	M63391 M26935 M58168 M59379	*DES*

	M65071	
Desmoplakine	M77830	*DPI*
Dystrophine	M18533 M17154 M18026 M20250	*DMD*
Récepteur aux Endothélines A et B	NM_001957 (Endothéline A) NM_000115 et NM_003991 (Endothéline B)	*EDNRA(ou ETRA) et EDNRB (ou ETRB)*
FATZ (Filamine, actinin, and telethonin-binding protein of the Z-disc of skeletal muscle)	AJ278124	*FATZ*
Gamma sarcoglycane	U34976	*SGCG*
gène de l'haemochromatose	AJ250635	*HFE*
Lamine A/C	XM_086566	*LMNA*
Myopalladine	NM_032578	
Myotilin	AF144477	*TTID*
PAF acéthylhydrolase	U20157	*PAFA_*
Nébulette	Y16241	*NEBL*
NO Synthase neuronale	NM_000620	*nNOS*
Paxilline	XM_045802	*PXN*
Phospholamban	NM_002667	*PLN*
Protéine C cardiaque de liaison à la myosine	XM_016697	*MYBPC3*
Récepteur A de l'endothéline	NM_001957	*EDNRA*
Superoxide dismutase à manganèse	NM_000636	*SOD2.*

Syntrophine alpha 1	U40571	*SNT A1*
Tafazzines	X92762	*TAZ ou EFE2 ou G4.5*
Taline 1 Taline 2	AF178081 NT_024649.2	*TLN1* *TLN2*
Titine	NM_003319	*TTN*
Tropomoduline	M77016	*TMOD*
Troponine T	NM_000364.1	*TNNT2*
Vinculine/Métavinculine	M33308	*VCL*
ZASP (Z-band alternatively spliced PDZ-motif protein)	AJ133768 (variant 2) AJ133767 (variant 3) AJ133766 (variant 3) ABO14513 (Cerveau)	*ZASP*
Zyxine	X94991	*ZYX*

Abréviations utilisées

ACE	Angiotensin conversion enzyme
ADN	Acide désoxyribonucléique
AHA	American Heart Association
ARN	Acide ribonucléique
ATP	Adénosine triphosphate
CMD	Cardiomyopathie dilatée
CMH	Cardiomyopathie hypertrophique
CPK	Créatine phosphokinase
dNTP	desoxynucléotide triphosphate
EDTA	Ethylen diamin tetra acetic acid
EST	Express sequence tag
HLA	Human leucocyte antigen
IEC	Inhibiteur de l'enzyme de conversion (de l'angiotensine)
LGMD2(B, C, F, E)	Limb Girdle muscular dystrophy type 2 (B, C, F, E)
OR	Odd Ratio
PIC	Polymorphysm Information Content
PCR	Polymerase Chain Reaction
RFLP	Restriction Fragment Length Polymorphism
RS	Réticulum sarcoplasmique
SNP	Single Nucleotide Polymorphism
SSCP	Single Strand conformation Polymorphism

Tableaux des amorces oligonucléotidiques utilisées pour l'amplification en PCR des gènes codant l'alpha actinine cardiaque, le bêta-sarcoglycane, le delta-sarcoglycane, le phospholamban cardiaque et la protéine ZASP.

Tableau a, b, c, d et e

(Les tailles indiquent les longueurs des produits d'amplification PCR)

(a)

Genes	*Exons*	*Oligonucléotide F*	*Oligonucléotide R*	*Taille (bp)*
	Exon 1	5'-CGTTTGCCAGTCAGCCCGTG--3'	5'-CTTCCTCTGCTGCTTCTCC--3'	193
	Exon 2	5'-CAAGTGTCGTCTGTGAGGAAG-3'	5'-CCTACTGATAACACATGAAAGC-3'	234
	Exon 3	5'- AGGTCACTGTCTCTATG-3'	5'- GCTATTAGGTCAGTGTGG-3'	211
	Exon 4	5- CCAATAGCTCTGAAGTCAAC-3'	5'- CATGTAAGTGACTGTTGGAC-3'	279
	Exon 5	5'-AAGTGACTAGGAGCTAAGTG-3'	5'- GATTCCACTGAGAATACAAG-3'	199
	Exon 6	5'-CTGGCTGCTTCTTTCTCTC-3'	5'-GCAGGACATGTTGAGACG-3'	194
	Exon 7	5'-AACATTCTTCATAAGTCTTG-3'	5'- CTTCAGCATCCAACATTTTA-3'	147
	Exon 8	5'-GTTTCTCTCCTTCGTCTG-3'	5'- CCAACAGAGAGTAACACAAC-3'	204
	Exon 9	5'-CACCTCGTTCCATGCTGTG-3'	5'- TGCGTGAGGATGGACAGAAC-3'	206
	Exon 10	5-TTGCTGGTGTCTTCAGCAG-3'	5'- CTCCTGACCCAGGTCAAAC-3'	352
Alpha actinine	Exon 11	5 -TACACATTTGCTTCCCTTGG-3'	5'- TGGCTCAACTCTGGTTTTTC-3'	233
cardiaque	Exon 12	5'-CATGCTTTCTTGCTACCACC--3'	5'- GAGGACGGAGGGCATCTG-3'	202
	Exon 13	5-TCTCTCATCATCTGGGAAAG-3'	5'- TCATGTCAACAAGTGGCTTC-3'	188
	Exon 14	5'-TCTATGATAATGCTTGCTTC-3'	5'- GCATACAGAGTTACGGTTC-3'	199
	Exon 15	5'-CCTTTGAAATTAACACTCAAGC-3'	5'- GTTAACTTCCTCCTTCGAC-3'	309
	Exon 16	5'-CCTCTAACCCTTGTTGTC-3'	R 5'-CAAGTGCATGAAGAAAGC-3'	216
	Exon 17	5'-TTCACTCTGCTTCTCTCC-3'	5'-CAAGTGCATGAAGAAAGC-3'	304
	Exon 18	5'-CAGAGTTGACATGTGGAGA-3'	5'-GTTTAATGTCCCCAGTATTG-3'	229
	Exon 19	5'-GCTCACCTGCTCTGTCCTT-3'	5'-CCTTGGTTTGAGCTTGTCAT-3'	187
	Exon 20	5'-TGAGAGTTGTGTACCGTTCG-3'	5'-CCGCTAAAGCAGAAGGAAAT-3'	243
	Exon 21	5'-CTGCAACTGACTGCAAACAC-3'	5'-GCATTCTGATGGGATGAGTG-3'	234

(b)

Gènes	*Exons*	*Oligonucléotide F*	*Oligonucléotide R*	*Taille (bp)*
	Exon 1	5'-TGGGGAGGGGAGGGTGTGAGCAG-3'	-CCTCCCCCGCTCATCCAG-3'	208
	Exon 2	5'-TAGATAAATGCACCCAAACGAG-3'	5'-TTCCCCATGGCAATTAAAATGAG-3'	313
Bêta-sarcoglycane	Exon 3	5'-TGGTGATAATATTTTCTACTTGTTTTCC-3'	5'-GCCCCTCTCCTGTTTGCATTTCTTTC-3'	312
	Exon 4	5-ATTGTTCAGGAATTTTGTTTGCAGTCTTC-3'	5'-ATTCTCTCCCATTAGTAAAACAAAGCC-3'	298
	Exon 5	5'- GCTTCTATTTCTCTATCTCTGATAAC-3'	5'-CCAAGAACCTAATAATTCTCTTAAGCTC-3'	256
	Exon 6	5'--AGTTTTGTTTACTGACTTTGTTCTG-3'	5'-AGTCAAGATATAAACATGTTGGTGACC-3'	315

(c)

Gène	*Exons*	*Oligonucléotide F*	*Oligonucléotide R*	*Taille (bp)*
Delta-sarcoglycane	Exon 2	5'- CCTGCCTTCTGGAAGTAATC-3'	5'- AAAATGACCATGAGCAGGGC-3'	229
	Exon 3	5'-TGCTTCTCTCTTGCCTCGTT-3'	5'- GCTAAACAAACCTAGATGGT-3'	243
	Exon 4	5'-TTACAGCCTGAGGTGTTTTG-3'	5'-GCAACAATAATGCCTCCTTC-3'	208
	Exon 5	5 CCCCTTGGAGAGTTGTAATG-3'	5'-TATTCTGAGTGCCTCGCATG-3'	218
	Exon 6	5 GATGAGACTAATGGTGTTTT-3'	5'-AAAATGTACACATGAGCATC-3'	244
	Exon 7	5'-CAGGTGACTCCAGTATCTCC-3'	5'-TGGCCAGTTGCACAGAGCAA-3'	188
	Exon 8	5'-AAAAGGGATCTTTATTGACG-3'	5'-TGTAGCTCTTTGAATTCTGT-3'	196
	Exon 9A	5'-CTGACCAATGCTTTCCTTCC-3'	5'-ATGCTGCCAACAATGTCCAC-3'	239
	Exon 9B	5'-AAGCTGGCAATATGGAAGCC-3'	5'-GGCTCCTTTTGTTGATACAC-3'	

(d)

Gène	*Exons*	*Oligonucléotide F*	*Oligonucléotide R*	*Taille (bp)*
Phospholamban cardiaque	Exon 1+Prom	5'-TTTTTTTCATTTATCTAC-3'	5'-AAAGTAAGAATTACCAAAGT-3'	352
	Exon 2	5'-TGCTGAGGAAGATGAATTAGTG--3'	5'-ATGTGGCAAGCTGCAGATCTA-3'	389

(e)

Gène	*Exons*	*Oligonucléotide F*	*Oligonucléotide R*	*Taille (bp)*
Protéine *ZASP*	Exon 1	5'- CAGGGGACAGAACAGGCAAG-3'	5'-ACACACATGCCCTCCTCCAA-3'	296
	Exon 2-3	5'-GTTGAATACTCCCGGGTGACT-3'	5'- AGTTGGGCCAGCGAAAGACC-3'	936
	Exon 4	5'-CTCTCTCCCCTGCATGGCCT-3'	5'-CCTGTGGAGAGCTGTATGTC-3'	365
	Exon 5	5'- CTGCCTCCACAATGACCAG-3'	5'- CTCTATCCACGCCAGACACA-3'	205
	Exon 6	5'- TTCTCCTCCCTCTCCCTG-3'	5'- TCTGGAGGCACTGAGTGG-3'	294
	Exon 7	5'- CCCACGGCCTCTCTCTGCA-3'	5'- CTCAGCATCTCCCTCCTCT-3'	240
	Exon 8	5'- CCCCTGACCAGCTCCTTTCTA-3'	5'- TAGAGGGCAAGGCCACAG-3'	103
	Exon 9	5'-TAACCCCTTTCATTCTCCC-3'	5'- TGTGTGGGGGTAAGGATGGA-3'	248
	Exon 10	5'- CTTGACCTGTTGTCTTTTTG-3'	5'- ACAGCTGGCCACAGGTAGAC-3'	254
	Exon 11	5'- CTGTCCTTCTGGGTGTAACC-3'	5'- CATGGCTTTCGACAGCCTCC-3'	205
	Exon 12	5'-CTCTGTGAACACCCTGCTGA-3'	5'-GGTAAGACCAGATGGCAAGC-3'	308
	Exon 13	5'- AGTTCTGGGAGCTGCCTTACT-3'	5'- TGGGGAAGAGACATGGGTCAG-3'	270
	Exon 14	5'- TCCTTTCTGTCCTGAGCTTAG-3'	5'- AATAAAGGCCTCTGGGTGGT-3'	270
	Exon 15	5'- ATTTCACCCTGCTTCTG-3'	5'- GCTAGCGTGGCAAGGTATGT-3'	324
	Exon 16	5'-GCCAGGGCGTTTTCTTAAA-3'	5'- GAATCCTTTGTTGCCAGCAG-3'	239

(1992). Effect of enalapril on mortality and the development of heart failure in asymptomatic patients with reduced left ventricular ejection fractions. The SOLVD Investigattors. N Engl J Med *327*, 685-91.

(1991). Effect of enalapril on survival in patients with reduced left ventricular ejection fractions and congestive heart failure. The SOLVD Investigators. N Engl J Med *325*, 293-302.

(1987). Effects of enalapril on mortality in severe congestive heart failure. Results of the Cooperative North Scandinavian Enalapril Survival Study (CONSENSUS). The CONSENSUS Trial Study Group. N Engl J Med *316*, 1429-35.

Alberts, B., Bray, D., Lewis, J., raff, M., Roberts, K., and Watson, J. (1997). Biologie moléculaire de la cellule. Collection Médecine-science chez Flammarion, troisième édition.

Arai, M., Alpert, N. R., MacLennan, D. H., Barton, P., and Periasamy, M. (1993). Alterations in sarcoplasmic reticulum gene expression in human heart failure. A possible mechanism for alterations in systolic and diastolic properties of the failing myocardium. Circ Res *72*, 463-9.

Arbustini, E., Diegoli, M., Fasani, R., Grasso, M., Morbini, P., Banchieri, N., Bellini, O., Dal Bello, B., Pilotto, A., Magrini, G., Campana, C., Fortina, P., Gavazzi, A., Narula, J., and Vigano, M. (1998). Mitochondrial DNA mutations and mitochondrial abnormalities in dilated cardiomyopathy. Am J Pathol *153*, 1501-10.

Arbustini, E., Pilotto, A., Repetto, A., Grasso, M., Negri, A., Diegoli, M., Campana, C., Scelsi, L., Baldini, E., Gavazzi, A., and Tavazzi, L. (2002). Autosomal dominant dilated cardiomyopathy with atrioventricular block: a lamin A/C defect-related disease. J Am Coll Cardiol *39*, 981-990.

Arimura, T., Nakamura, T., Hiroi, S., Satoh, M., Takahashi, M., Ohbuchi, N., Ueda, K., Nouchi, T., Yamaguchi, N., Akai, J., Matsumori, A., and Sasayama, S. (2000). Characterization of the human nebulette gene: a polymorphism in an actin-binding motif is associated with nonfamilial idiopathic dilated cardiomyopathy. Hum Genet *11*, 11.

Badorff, C., Lee, G. H., Lamphear, B. J., Martone, M. E., Campbell, K. P., Rhoads, R. E., and Knowlton, K. U. (1999). Enteroviral protease 2A cleaves dystrophin: evidence of cytoskeletal disruption in an acquired cardiomyopathy. Nat Med *5*, 320-6.

Bang, M. L., Mudry, R. E., McElhinny, A. S., Trombitas, K., Geach, A. J., Yamasaki, R., Sorimachi, H., Granzier, H., Gregorio, C. C., and Labeit, S. (2001). Myopalladin, a novel 145-kilodalton sarcomeric protein with multiple roles in Z-disc and I-band protein assemblies. J Cell Biol *153*, 413-27.

Barresi, R., Di Blasi, C., Negri, T., Brugnoni, R., Vitali, A., Felisari, G., Salandi, A., Daniel, S., Cornelio, F., Morandi, L., and Mora, M. (2000). Disruption of heart sarcoglycan complex and severe cardiomyopathy caused by beta sarcoglycan mutations. J Med Genet *37*, 102-107.

Berko, B. A., and Swift, M. (1987). X-linked dilated cardiomyopathy. N Engl J Med *316*, 1186-91.

Beuckelmann, D. J., Nabauer, M., and Erdmann, E. (1992). Intracellular calcium handling in isolated ventricular myocytes from patients with terminal heart failure. Circulation *85*, 1046-55.

Bies, R. D., Maeda, M., Roberds, S. L., Holder, E., Bohlmeyer, T., Young, J. B., and Campbell, K. P. (1997). A 5' dystrophin duplication mutation causes membrane deficiency of alpha-dystroglycan in a family with X-linked cardiomyopathy. J Mol Cell Cardiol *29*, 3175-88.

Bing, W., Razzaq, A., Sparrow, J., and Marston, S. (1998). Tropomyosin and troponin regulation of wild type and E93K mutant actin filaments from Drosophila flight muscle. Charge reversal on actin changes actin-tropomyosin from on to off state. J Biol Chem *273*, 15016-21.

Bione, S., D'Adamo, P., Maestrini, E., Gedeon, A. K., Bolhuis, P. A., and Toniolo, D. (1996). A novel X-linked gene, G4.5. is responsible for Barth syndrome. Nat Genet *12*, 385-9.

Blanchard, E. M., Iizuka, K., Christe, M., Conner, D. A., Geisterfer-Lowrance, A., Schoen, F. J., Maughan, D. W., Seidman, C. E., and Seidman, J. G. (1997). Targeted ablation of the murine alpha-tropomyosin gene. Circ Res *81*, 1005-10.

Bleyl, S. B., Mumford, B. R., Thompson, V., Carey, J. C., Pysher, T. J., Chin, T. K., and Ward, K. (1997). Neonatal, lethal noncompaction of the left ventricular myocardium is allelic with Barth syndrome. Am J Hum Genet *61*, 868-72.

Bonne, G., Carrier, L., Richard, P., Hainque, B., and Schwartz, K. (1998). Familial hypertrophic cardiomyopathy: from mutations to functional defects. Circ Res *83*, 580-93.

Bonne, G., Di Barletta, M. R., Varnous, S., Becane, H. M., Hammouda, E. H., Merlini, L., Muntoni, F., Greenberg, C. R., Gary, F., Urtizberea, J. A., Duboc, D., Fardeau, M.,

Toniolo, D., and Schwartz, K. (1999). Mutations in the gene encoding lamin A/C cause autosomal dominant Emery-Dreifuss muscular dystrophy. Nat Genet *21*, 285-8.

Bowles, K. R., Abraham, S. E., Brugada, R., Zintz, C., Comeaux, J., Sorajja, D., Tsubata, S., Li, H., Brandon, L., Gibbs, R. A., Scherer, S. E., Bowles, N. E., and Towbin, J. A. (2000). Construction of a high-resolution physical map of the chromosome 10q22-q23 dilated cardiomyopathy locus and analysis of candidate genes. Genomics *67*, 109-27.

Bowles, K. R., Gajarski, R., Porter, P., Goytia, V., Bachinski, L., Roberts, R., Pignatelli, R., and Towbin, J. A. (1996). Gene mapping of familial autosomal dominant dilated cardiomyopathy to chromosome 10q21-23. J Clin Invest *98*, 1355-60.

Brodsky, G. L., Muntoni, F., Miocic, S., Sinagra, G., Sewry, C., and Mestroni, L. (2000). Lamin A/C gene mutation associated with dilated cardiomyopathy with variable skeletal muscle involvement. Circulation *101*, 473-476.

Cao, H., and Hegele, R. A. (2000). Nuclear lamin A/C R482Q mutation in canadian kindreds with Dunnigan-type familial partial lipodystrophy. Hum Mol Genet *9*, 109-12.

Charron, P., Dubourg, O., Desnos, M., Bennaceur, M., Carrier, L., Camproux, A. C., Isnard, R., Hagege, A., Langlard, J. M., Bonne, G., Richard, P., Hainque, B., Bouhour, J. B., Schwartz, K., and Komajda, M. (1998). Clinical features and prognostic implications of familial hypertrophic cardiomyopathy related to the cardiac myosin-binding protein C gene. Circulation *97*, 2230-6.

Charron, P., Isnard, R., and Komajda, M. (1998). Cardiomyopathies dilatées. Encly Méd Chir (Elsvier, Paris),
AKOS Encyclopédie pratique de Médecine, 2-0410.

Charron, P., and Komajda, M. (2001). Are we ready for pharmacogenomics in heart failure? Eur J Pharmacol *417*, 1-9.

Charron, P., Tesson, F., Poirier, O., Nicaud, V., Peuchmaurd, M., Tiret, L., Cambien, F., Amouyel, P., Dubourg, O., Bouhour, J., Millaire, A., Juilliere, Y., Bareiss, P., Andre-Fouet, X., Pouillart, F., Arveiler, D., Ferrieres, J., Dorent, R., Roizes, G., Schwartz, K., Desnos, M., and Komajda, M. (1999). Identification of a genetic risk factor for idiopathic dilated cardiomyopathy. Involvement of a polymorphism in the endothelin receptor type A gene. CARDIGENE group. Eur Heart J *20*, 1587-91.

Cox, G. A., Sunada, Y., Campbell, K. P., and Chamberlain, J. S. (1994). Dp71 can restore the dystrophin-associated glycoprotein complex in muscle but fails to prevent dystrophy. Nat Genet *8*, 333-9.

Cukovic, D., Lu, G. W., Wible, B., Steele, D. F., and Fedida, D. (2001). A discrete amino terminal domain of Kv1.5 and Kv1.4 potassium channels interacts with the spectrin repeats of alpha-actinin-2. FEBS Lett *498*, 87-92.

Cupples, L. A., Terrin, N. C., Myers, R. H., and D'Agostino, R. B. (1989). Using survival methods to estimate age-at-onset distributions for genetic diseases with an application to Huntington disease. Genet Epidemiol *6*, 361-71.

D'Adamo, P., Fassone, L., Gedeon, A., Janssen, E. A., Bione, S., Bolhuis, P. A., Barth, P. G., Wilson, M., Haan, E., Orstavik, K. H., Patton, M. A., Green, A. J., Zammarchi, E., Donati, M. A., and Toniolo, D. (1997). The X-linked gene G4.5 is responsible for different infantile dilated cardiomyopathies. Am J Hum Genet *61*, 862-7.

De Sandre-Giovannoli, A., Chaouch, M., Kozlov, S., Vallat, J., Tazir, M., Kassouri, N., Szepetowski, P., Hammadouche, T., Vandenberghe, A., Stewart, C. L., Grid, D., and Levy, N. (2002). Homozygous Defects in LMNA, Encoding Lamin A/C Nuclear-Envelope Proteins, Cause Autosomal Recessive Axonal Neuropathy in Human (Charcot-Marie-Tooth Disorder Type 2) and Mouse. Am J Hum Genet *70*, 726-736.

Dec, G. W., and Fuster, V. (1994). Idiopathic dilated cardiomyopathy. N Engl J Med *331*, 1564-1575.

Dib, C., Faure, S., Fizames, C., Samson, D., Drouot, N., Vignal, A., Millasseau, P., Marc, S., Hazan, J., Seboun, E., Lathrop, M., Gyapay, G., Morissette, J., and Weissenbach, J. (1996). A comprehensive genetic map of the human genome based on 5,264 microsatellites. Nature *380*, 152-4.

Durand, J. B., Bachinski, L. L., Bieling, L. C., Czernuszewicz, G. Z., Abchee, A. B., Yu, Q. T., Tapscott, T., Hill, R., Ifegwu, J., Marian, A. J., and et coll. (1995). Localization of a gene responsible for familial dilated cardiomyopathy to chromosome 1q32. Circulation *92*, 3387-9.

Fadic, R., Sunada, Y., Waclawik, A. J., Buck, S., Lewandoski, P. J., Campbell, K. P., and Lotz, B. P. (1996). Brief report: deficiency of a dystrophin-associated glycoprotein (adhalin) in a patient with muscular dystrophy and cardiomyopathy. N Engl J Med *334*, 362-6.

Fatkin, D., Christe, M. E., Aristizabal, O., McConnell, B. K., Srinivasan, S., Schoen, F. J., Seidman, C. E., Turnbull, D. H., and Seidman, J. G. (1999). Neonatal cardiomyopathy in mice homozygous for the Arg403Gln mutation in the alpha cardiac myosin heavy chain gene. J Clin Invest *103*, 147-53.

Fatkin, D., MacRae, C., Sasaki, T., Wolff, M. R., Porcu, M., Frenneaux, M., Atherton, J., Vidaillet, H. J., Jr., Spudich, S., De Girolami, U., Seidman, J. G., Seidman, C.,

Muntoni, F., Muehle, G., Johnson, W., and McDonough, B. (1999). Missense mutations in the rod domain of the lamin A/C gene as causes of dilated cardiomyopathy and conduction-system disease. N Engl J Med *341*, 1715-1724.

Faulkner, G., Pallavicini, A., Comelli, A., Salamon, M., Bortoletto, G., Ievolella, C., Trevisan, S., Kojic, S., Dalla Vecchia, F., Laveder, P., Valle, G., and Lanfranchi, G. (2000). FATZ, a filamin-, actinin-, and telethonin-binding protein of the Z-disc of skeletal muscle. J Biol Chem *275*, 41234-42.

Faulkner, G., Pallavicini, A., Formentin, E., Comelli, A., Ievolella, C., Trevisan, S., Bortoletto, G., Scannapieco, P., Salamon, M., Mouly, V., Valle, G., and Lanfranchi, G. (1999). ZASP: a new Z-band alternatively spliced PDZ-motif protein. J Cell Biol *146*, 465-75.

Feldman, A. M., and McNamara, D. (2000). Myocarditis. N Engl J Med *343*, 1388-98.

Feldman, A. M., Ray, P. E., Silan, C. M., Mercer, J. A., Minobe, W., and Bristow, M. R. (1991). Selective gene expression in failing human heart. Quantification of steady-state levels of messenger RNA in endomyocardial biopsies using the polymerase chain reaction. Circulation *83*, 1866-72.

Ferlini, A., Galie, N., Merlini, L., Sewry, C., Branzi, A., and Muntoni, F. (1998). A novel Alu-like element rearranged in the dystrophin gene causes a splicing mutation in a family with X-linked dilated cardiomyopathy. Am J Hum Genet *63*, 436-46.

Franz, W. M., Cremer, M., Herrmann, R., Grunig, E., Fogel, W., Scheffold, T., Goebel, H. H., Kircheisen, R., Kubler, W., Voit, T., and et coll. (1995). X-linked dilated cardiomyopathy. Novel mutation of the dystrophin gene. Ann N Y Acad Sci *752*, 470-91.

Franz, W. M., Muller, O. J., and Katus, H. A. (2001). Cardiomyopathies: from genetics to the prospect of treatment. Lancet *358*, 1627-37.

Fujioka, S., Kitaura, Y., Ukimura, A., Deguchi, H., Kawamura, K., Isomura, T., Suma, H., and Shimizu, A. (2000). Evaluation of viral infection in the myocardium of patients with idiopathic dilated cardiomyopathy. J Am Coll Cardiol *36*, 1920-6.

Garg, A., Speckman, R. A., and Bowcock, A. M. (2002). Multisystem dystrophy syndrome due to novel missense mutations in the amino-terminal head and alpha-helical rod domains of the lamin A/C gene. Am J Med *112*, 549-55.

Gerull, B., Gramlich, M., Atherton, J., McNabb, M., Trombitas, K., Sasse-Klaassen, S., Seidman, J. G., Seidman, C., Granzier, H., Labeit, S., Frenneaux, M., and Thierfelder, L. (2002). Mutations of TTN, encoding the giant muscle filament titin, cause familial dilated cardiomyopathy. Nat Genet *30*, 201-204.

Goldblatt, J., Melmed, J., and Rose, A. G. (1987). Autosomal recessive inheritance of idiopathic dilated cardiomyopathy in a Madeira Portuguese kindred. Clin Genet *31*, 249-54.

Goldfarb, L. G., Park, K. Y., Cervenakova, L., Gorokhova, S., Lee, H. S., Vasconcelos, O., Nagle, J. W., Semino-Mora, C., Sivakumar, K., and Dalakas, M. C. (1998). Missense mutations in desmin associated with familial cardiac and skeletal myopathy. Nat Genet *19*, 402-3.

Greenberg, D. S., Sunada, Y., Campbell, K. P., Yaffe, D., and Nudel, U. (1994). Exogenous Dp71 restores the levels of dystrophin associated proteins but does not alleviate muscle damage in mdx mice. Nat Genet *8*, 340-4.

Grunig, E., Tasman, J. A., Kucherer, H., Franz, W., Kubler, W., and Katus, H. A. (1998). Frequency and phenotypes of familial dilated cardiomyopathy. J Am Coll Cardiol *31*, 186-194.

Gwathmey, J. K., Copelas, L., MacKinnon, R., Schoen, F. J., Feldman, M. D., Grossman, W., and Morgan, J. P. (1987). Abnormal intracellular calcium handling in myocardium from patients with end-stage heart failure. Circ Res *61*, 70-6.

Hajjar, R. J., Kang, J. X., Gwathmey, J. K., and Rosenzweig, A. (1997). Physiological effects of adenoviral gene transfer of sarcoplasmic reticulum calcium ATPase in isolated rat myocytes. Circulation *95*, 423-9.

Hance, J. E., Fu, S. Y., Watkins, S. C., Beggs, A. H., and Michalak, M. (1999). alpha-actinin-2 is a new component of the dystrophin-glycoprotein complex. Arch Biochem Biophys *365*, 216-22.

Hasenfuss, G. (1998). Alterations of calcium-regulatory proteins in heart failure. Cardiovasc Res *37*, 279-89.

Hein, S., Kostin, S., Heling, A., Maeno, Y., and Schaper, J. (2000). The role of the cytoskeleton in heart failure. Cardiovasc Res *45*, 273-8.

Herrmann, S., Schmidt-Petersen, K., Pfeifer, J., Perrot, A., Bit-Avragim, N., Eichhorn, C., Dietz, R., Kreutz, R., Paul, M., and Osterziel, K. J. (2001). A polymorphism in the endothelin-A receptor gene predicts survival in patients with idiopathic dilated cardiomyopathy. Eur Heart J *22*, 1948-53.

Hetet, G., Grandchamp, B., Bouchier, C., Nicaud, V., Tiret, L., Roizes, G., Desnos, M., Schwartz, K., Dorent, R., Komajda, M., and Group, F. T. (2001). Idiopathic dilated cardiomyopathy: lack of association with haemochromatosis gene in the CARDIGENE study. Heart *86*, 702-3.

Hiroi, S., Harada, H., Nishi, H., Satoh, M., Nagai, R., and Kimura, A. (1999). Polymorphisms in the SOD2 and HLA-DRB1 genes are associated with nonfamilial idiopathic dilated cardiomyopathy in Japanese. Biochem Biophys Res Commun *261*, 332-9.

Ho, C. Y., Lever, H. M., DeSanctis, R., Farver, C. F., Seidman, J. G., and Seidman, C. E. (2000). Homozygous mutation in cardiac troponin T: implications for hypertrophic cardiomyopathy. Circulation *102*, 1950-5.

Ichida, F., Tsubata, S., Bowles, K. R., Haneda, N., Uese, K., Miyawaki, T., Dreyer, W. J., Messina, J., Li, H., Bowles, N. E., and Towbin, J. A. (2001). Novel gene mutations in patients with left ventricular noncompaction or Barth syndrome. Circulation *103*, 1256-63.

Ichihara, S., Yamada, Y., and Yokota, M. (1998). Association of a G994-->T missense mutation in the plasma platelet-activating factor acetylhydrolase gene with genetic susceptibility to nonfamilial dilated cardiomyopathy in Japanese. Circulation *98*, 1881-5.

Ioannidis, J. P., Ntzani, E. E., Trikalinos, T. A., and Contopoulos-Ioannidis, D. G. (2001). Replication validity of genetic association studies. Nat Genet *29*, 306-9.

Itoh-Satoh, M., Hayashi, T., Nishi, H., Koga, Y., Arimura, T., Koyanagi, T., Takahashi, M., Hohda, S., Ueda, K., Nouchi, T., Hiroe, M., Marumo, F., Imaizumi, T., Yasunami, M., and Kimura, A. (2002). Titin Mutations as the Molecular Basis for Dilated Cardiomyopathy. Biochem Biophys Res Commun *291*, 385-393.

Jakobs, P. M., Hanson, E. L., Crispell, K. A., Toy, W., Keegan, H., Schilling, K., Icenogle, T. B., Litt, M., and Hershberger, R. E. (2001). Novel lamin A/C mutations in two families with dilated cardiomyopathy and conduction system disease. J Card Fail *7*, 249-56.

Johnson, W. G., Kugler, S. L., Stenroos, E. S., Meulener, M. C., Rangwalla, I., Johnson, T. W., and Mandelbaum, D. E. (1996). Pedigree analysis in families with febrile seizures. Am J Med Genet *61*, 345-52.

Jung, M., Poepping, I., Perrot, A., Ellmer, A. E., Wienker, T. F., Dietz, R., Reis, A., and Osterziel, K. J. (1999). Investigation of a family with autosomal dominant dilated cardiomyopathy defines a novel locus on chromosome 2q14-q22. Am J Hum Genet *65*, 1068-77.

Kamisago, M., Sharma, S. D., DePalma, S. R., Solomon, S., Sharma, P., McDonough, B., Smoot, L., Mullen, M. P., Woolf, P. K., Wigle, E. D., Seidman, J. G., and Seidman,

C. E. (2000). Mutations in sarcomere protein genes as a cause of dilated cardiomyopathy. N Engl J Med *343*, 1688-1696.

Kass, S., MacRae, C., Graber, H. L., Sparks, E. A., McNamara, D., Boudoulas, H., Basson, C. T., Baker, P. B., 3rd, Cody, R. J., Fishman, M. C., and et coll. (1994). A gene defect that causes conduction system disease and dilated cardiomyopathy maps to chromosome 1p1-1q1. Nat Genet *7*, 546-51.

Keeling, P. J., Gang, Y., Smith, G., Seo, H., Bent, S. E., Murday, V., Caforio, A. L., and McKenna, W. J. (1995). Familial dilated cardiomyopathy in the United Kingdom. Br Heart J *73*, 417-421.

Ki, C. S., Hong, J. S., Jeong, G. Y., Ahn, K. J., Choi, K. M., Kim, D. K., and Kim, J. W. (2002). Identification of lamin A/C (LMNA) gene mutations in Korean patients with autosomal dominant Emery-Dreifuss muscular dystrophy and limb-girdle muscular dystrophy 1B. J Hum Genet *47*, 225-8.

Kiss, E., Ball, N. A., Kranias, E. G., and Walsh, R. A. (1995). Differential changes in cardiac phospholamban and sarcoplasmic reticular Ca(2+)-ATPase protein levels. Effects on Ca2+ transport and mechanics in compensated pressure-overload hypertrophy and congestive heart failure. Circ Res *77*, 759-64.

Komajda, M. (1996). Genetic factors in familial hypertrophic cardiomyopathy: does molecular cardiology offer new perspectives? Heart *76*, 465-466.

Krajinovic, M., Mestroni, L., Severini, G. M., Pinamonti, B., Camerini, F., Falaschi, A., and Giacca, M. (1994). Absence of linkage between idiopathic dilated cardiomyopathy and candidate genes involved in the immune function in a large Italian pedigree. J Med Genet *31*, 766-71.

Krajinovic, M., Pinamonti, B., Sinagra, G., Vatta, M., Severini, G. M., Milasin, J., Falaschi, A., Camerini, F., Giacca, M., and Mestroni, L. (1995). Linkage of familial dilated cardiomyopathy to chromosome 9. Heart Muscle Disease Study Group. Am J Hum Genet *57*, 846-52.

Li, B., and Trueb, B. (2001). Analysis of the alpha-actinin/zyxin interaction. J Biol Chem *276*, 33328-35.

Li, D., Czernuszewicz, G. Z., Gonzalez, O., Tapscott, T., Karibe, A., Durand, J. B., Brugada, R., Hill, R., Gregoritch, J. M., Anderson, J. L., Quinones, M., Bachinski, L. L., and Roberts, R. (2001). Novel cardiac troponin T mutation as a cause of familial dilated cardiomyopathy. Circulation *104*, 2188-93.

Li, D., Tapscoft, T., Gonzalez, O., Burch, P. E., Quinones, M. A., Zoghbi, W. A., Hill, R., Bachinski, L. L., Mann, D. L., and Roberts, R. (1999). Desmin mutation responsible for idiopathic dilated cardiomyopathy. Circulation *100*, 461-464.

Li, Y., Huang, T. T., Carlson, E. J., Melov, S., Ursell, P. C., Olson, J. L., Noble, L. J., Yoshimura, M. P., Berger, C., Chan, P. H., and et coll. (1995). Dilated cardiomyopathy and neonatal lethality in mutant mice lacking manganese superoxide dismutase. Nat Genet *11*, 376-81.

Li, Y. Y., Maisch, B., Rose, M. L., and Hengstenberg, C. (1997). Point mutations in mitochondrial DNA of patients with dilated cardiomyopathy. J Mol Cell Cardiol *29*, 2699-709.

Liggett, S. B., Wagoner, L. E., Craft, L. L., Hornung, R. W., Hoit, B. D., McIntosh, T. C., and Walsh, R. A. (1998). The Ile164 beta2-adrenergic receptor polymorphism adversely affects the outcome of congestive heart failure. J Clin Invest *102*, 1534-9.

Linck, B., Boknik, P., Eschenhagen, T., Muller, F. U., Neumann, J., Nose, M., Jones, L. R., Schmitz, W., and Scholz, H. (1996). Messenger RNA expression and immunological quantification of phospholamban and SR-Ca(2+)-ATPase in failing and nonfailing human hearts. Cardiovasc Res *31*, 625-32.

Maeda, M., Holder, E., Lowes, B., Valent, S., and Bies, R. D. (1997). Dilated cardiomyopathy associated with deficiency of the cytoskeletal protein metavinculin. Circulation *95*, 17-20.

Mahon, N. G., Coonar, A. S., Jeffery, S., Coccolo, F., Akiyu, J., Zal, B., Houlston, R., Levin, G. E., Baboonian, C., and McKenna, W. J. (2000). Haemochromatosis gene mutations in idiopathic dilated cardiomyopathy. Heart *84*, 541-7.

Mangin, L., Charron, P., Tesson, F., Mallet, A., Dubourg, O., Desnos, M., Benaische, A., Gayet, C., Gibelin, P., Davy, J. M., Bonnet, J., Sidi, D., Schwartz, K., and Komajda, M. (1999). Familial dilated cardiomyopathy: clinical features in French families. Eur J Heart Fail *1*, 353-361.

Marin-Garcia, J., Goldenthal, M. J., Ananthakrishnan, R., and Pierpont, M. E. (2000). The complete sequence of mtDNA genes in idiopathic dilated cardiomyopathy shows novel missense and tRNA mutations. J Card Fail *6*, 321-9.

Mayosi, B. M., Khogali, S., Zhang, B., and Watkins, H. (1999). Cardiac and skeletal actin gene mutations are not a common cause of dilated cardiomyopathy. J Med Genet *36*, 796-797.

McConnell, B. K., Jones, K. A., Fatkin, D., Arroyo, L. H., Lee, R. T., Aristizabal, O., Turnbull, D. H., Georgakopoulos, D., Kass, D., Bond, M., Niimura, H., Schoen, F. J.,

Conner, D., Fischman, D. A., Seidman, C. E., Seidman, J. G., and Fischman, D. H. (1999). Dilated cardiomyopathy in homozygous myosin-binding protein-C mutant mice. J Clin Invest *104*, 1235-44.

McNally, E. M., Bonnemann, C. G., Kunkel, L. M., and Bhattacharya, S. K. (1996). Deficiency of adhalin in a patient with muscular dystrophy and cardiomyopathy. N Engl J Med *334*, 1610-1.

McTiernan, C. F., Frye, C. S., Lemster, B. H., Kinder, E. A., Ogletree-Hughes, M. L., Moravec, C. S., and Feldman, A. M. (1999). The human phospholamban gene: structure and expression. J Mol Cell Cardiol *31*, 679-92.

Melacini, P., Fanin, M., Duggan, D. J., Freda, M. P., Berardinelli, A., Danieli, G. A., Barchitta, A., Hoffman, E. P., Dalla Volta, S., and Angelini, C. (1999). Heart involvement in muscular dystrophies due to sarcoglycan gene mutations. Muscle Nerve *22*, 473-9.

Mendell, J. T., and Dietz, H. C. (2001). When the message goes awry: disease-producing mutations that influence mRNA content and performance. Cell *107*, 411-414.

Mestroni, L., Maisch, B., McKenna, W. J., Schwartz, K., Charron, P., Rocco, C., Tesson, F., Richter, A., Wilke, A., and Komajda, M. (1999b). Guidelines for the study of familial dilated cardiomyopathies. Collaborative Research Group of the European Human and Capital Mobility Project on Familial Dilated Cardiomyopathy. Eur Heart J *20*, 93-102.

Mestroni, L., Rocco, C., Gregori, D., Sinagra, G., Di Lenarda, A., Miocic, S., Vatta, M., Pinamonti, B., Muntoni, F., Caforio, A. L., McKenna, W. J., Falaschi, A., Giacca, M., and Camerini (1999a). Familial dilated cardiomyopathy: evidence for genetic and phenotypic heterogeneity. Heart Muscle Disease Study Group. J Am Coll Cardiol *34*, 181-190.

Meyer, M., Schillinger, W., Pieske, B., Holubarsch, C., Heilmann, C., Posival, H., Kuwajima, G., Mikoshiba, K., Just, H., Hasenfuss, G., and et coll. (1995). Alterations of sarcoplasmic reticulum proteins in failing human dilated cardiomyopathy. Circulation *92*, 778-84.

Michels, V. V., Moll, P. P., Miller, F. A., Tajik, A. J., Chu, J. S., Driscoll, D. J., Burnett, J. C., Rodeheffer, R. J., Chesebro, J. H., and Tazelaar, H. D. (1992). The frequency of familial dilated cardiomyopathy in a series of patients with idiopathic dilated cardiomyopathy. N Engl J Med *326*, 77-82.

Milasin, J., Muntoni, F., Severini, G. M., Bartoloni, L., Vatta, M., Krajinovic, M., Mateddu, A., Angelini, C., Camerini, F., Falaschi, A., Mestroni, L., and Giacca, M.

(1996). A point mutation in the 5' splice site of the dystrophin gene first intron responsible for X-linked dilated cardiomyopathy. Hum Mol Genet *5*, 73-9.

Milner, D. J., Weitzer, G., Tran, D., Bradley, A., and Capetanaki, Y. (1996). Disruption of muscle architecture and myocardial degeneration in mice lacking desmin. J Cell Biol *134*, 1255-70.

Miyamoto, M. I., del Monte, F., Schmidt, U., DiSalvo, T. S., Kang, Z. B., Matsui, T., Guerrero, J. L., Gwathmey, J. K., Rosenzweig, A., and Hajjar, R. J. (2000). Adenoviral gene transfer of SERCA2a improves left-ventricular function in aortic-banded rats in transition to heart failure. Proc Natl Acad Sci U S A *97*, 793-8.

Miyamoto, Y., Akita, H., Shiga, N., Takai, E., Iwai, C., Mizutani, K., Kawai, H., Takarada, A., and Yokoyama, M. (2001). Frequency and clinical characteristics of dilated cardiomyopathy caused by desmin gene mutation in a Japanese population. Eur Heart J *22*, 2284-9.

Mogensen, J., Klausen, I. C., Pedersen, A. K., Egeblad, H., Bross, P., Kruse, T. A., Gregersen, N., Hansen, P. S., Baandrup, U., and Borglum, A. D. (1999). Alpha-cardiac actin is a novel disease gene in familial hypertrophic cardiomyopathy. J Clin Invest *103*, R39-43.

Montgomery, H. E., Keeling, P. J., Goldman, J. H., Humphries, S. E., Talmud, P. J., and McKenna, W. J. (1995). Lack of association between the insertion/deletion polymorphism of the angiotensin-converting enzyme gene and idiopathic dilated cardiomyopathy. J Am Coll Cardiol *25*, 1627-31.

Moreira, E. S., Vainzof, M., Marie, S. K., Nigro, V., Zatz, M., and Passos-Bueno, M. R. (1998). A first missense mutation in the delta sarcoglycan gene associated with a severe phenotype and frequency of limb-girdle muscular dystrophy type 2F (LGMD2F) in Brazilian sarcoglycanopathies. J Med Genet *35*, 951-953.

Morimoto, S., Lu, Q. W., Harada, K., Takahashi-Yanaga, F., Minakami, R., Ohta, M., Sasaguri, T., and Ohtsuki, I. (2002). Ca2+-desensitizing effect of a deletion mutation Delta K210 in cardiac troponin T that causes familial dilated cardiomyopathy. Proc Natl Acad Sci U S A *99*, 913-8.

Movsesian, M. A., Karimi, M., Green, K., and Jones, L. R. (1994). Ca(2+)-transporting ATPase, phospholamban, and calsequestrin levels in nonfailing and failing human myocardium. Circulation *90*, 653-7.

Muchir, A., Bonne, G., van der Kooi, A. J., van Meegen, M., Baas, F., Bolhuis, P. A., de Visser, M., and Schwartz, K. (2000). Identification of mutations in the gene encoding lamins A/C in autosomal dominant limb girdle muscular dystrophy with atrioventricular conduction disturbances (LGMD1B). Hum Mol Genet *9*, 1453-9.

Muntoni, F., Cau, M., Ganau, A., Congiu, R., Arvedi, G., Mateddu, A., Marrosu, M. G., Cianchetti, C., Realdi, G., Cao, A., and et coll. (1993). Brief report: deletion of the dystrophin muscle-promoter region associated with X-linked dilated cardiomyopathy. N Engl J Med *329*, 921-5.

Muntoni, F., Wilson, L., Marrosu, G., Marrosu, M. G., Cianchetti, C., Mestroni, L., Ganau, A., Dubowitz, V., and Sewry, C. (1995). A mutation in the dystrophin gene selectively affecting dystrophin expression in the heart. J. Clin. Invest. *96*, 693-699.

Nigro, V., de Sa Moreira, E., Piluso, G., Vainzof, M., Belsito, A., Politano, L., Puca, A. A., Passos-Bueno, M. R., and Zatz, M. (1996a). Autosomal recessive limb-girdle muscular dystrophy, LGMD2F, is caused by a mutation in the delta-sarcoglycan gene. Nat Genet *14*, 195-198.

Nigro, V., Okazaki, Y., Belsito, A., Piluso, G., Matsuda, Y., Politano, L., Nigro, G., Ventura, C., Abbondanza, C., Molinari, A. M., Acampora, D., Nishimura, M., Hayashizaki, Y., and Puca, G. A. (1997). Identification of the Syrian hamster cardiomyopathy gene. Hum Mol Genet *6*, 601-7.

Nigro, V., Piluso, G., Belsito, A., Politano, L., Puca, A. A., Papparella, S., Rossi, E., Viglietto, G., Esposito, M. G., Abbondanza, C., Medici, N., Molinari, A. M., Nigro, G., and Puca, G. A. (1996). Identification of a novel sarcoglycan gene at 5q33 encoding a sarcolemmal 35 kDa glycoprotein. Hum Mol Genet *5*, 1179-1186.

Nishi, H., Kimura, A., Harada, H., Adachi, K., Koga, Y., Sasazuki, T., and Toshima, H. (1994). Possible gene dose effect of a mutant cardiac beta-myosin heavy chain gene on the clinical expression of familial hypertrophic cardiomyopathy. Biochem Biophys Res Commun *200*, 549-56.

Nishi, H., Koga, Y., Koyanagi, T., Harada, H., Imaizumi, T., Toshima, H., Sasazuki, T., and Kimura, A. (1995). DNA typing of HLA class II genes in Japanese patients with dilated cardiomyopathy. J Mol Cell Cardiol *27*, 2385-92.

Norgett, E. E., Hatsell, S. J., Carvajal-Huerta, L., Cabezas, J. C., Common, J., Purkis, P. E., Whittock, N., Leigh, I. M., Stevens, H. P., and Kelsell, D. P. (2000). Recessive mutation in desmoplakin disrupts desmoplakin-intermediate filament interactions and causes dilated cardiomyopathy, woolly hair and keratoderma. Hum Mol Genet *9*, 2761-6.

Novelli, G., Muchir, A., Sangiuolo, F., Helbling-Leclerc, A., D'Apice, M. R., Massart, C., Capon, F., Sbraccia, P., Federici, M., Lauro, R., Tudisco, C., Pallotta, R., Scarano, G., Dallapiccola, B., Merlini, L., and Bonne, G. (2002). Mandibuloacral Dysplasia Is Caused by a Mutation in LMNA-Encoding Lamin A/C. Am J Hum Genet *71*, 2.

Olson, T. M., Illenberger, S., Kishimoto, N. Y., Huttelmaier, S., Keating, M. T., and Jockusch, B. M. (2002). Metavinculin mutations alter actin interaction in dilated cardiomyopathy. Circulation *105*, 431-437.

Olson, T. M., and Keating, M. T. (1996). Mapping a cardiomyopathy locus to chromosome 3p22-p25. J Clin Invest *97*, 528-32.

Olson, T. M., Kishimoto, N. Y., Whitby, F. G., and Michels, V. V. (2001). Mutations that alter the surface charge of alpha-tropomyosin are associated with dilated cardiomyopathy. J Mol Cell Cardiol *33*, 723-732.

Olson, T. M., Michels, V. V., Thibodeau, S. N., Tai, Y. S., and Keating, M. T. (1998). Actin mutations in dilated cardiomyopathy, a heritable form of heart failure. Science *280*, 750-752.

Ortiz-Lopez, R., Li, H., Su, J., Goytia, V., and Towbin, J. A. (1997). Evidence for a dystrophin missense mutation as a cause of X-linked dilated cardiomyopathy. Circulation *95*, 2434-40.

Ozawa, T. (1995). Mitochondrial DNA mutations in myocardial diseases. Eur Heart J *16 Suppl O*, 10-4.

Pallier, C. (2001). Les régions non traduites des ARN messagers et leur rôle dans la synthèse protéique. Médecine/science *17*, 23-32.

Pfeffer, M. A., Braunwald, E., Moye, L. A., Basta, L., Brown, E. J., Jr., Cuddy, T. E., Davis, B. R., Geltman, E. M., Goldman, S., Flaker, G. C., and et coll. (1992). Effect of captopril on mortality and morbidity in patients with left ventricular dysfunction after myocardial infarction. Results of the survival and ventricular enlargement trial. The SAVE Investigators. N Engl J Med *327*, 669-77.

Regitz-Zagrosek, V., Erdmann, J., Wellnhofer, E., Raible, J., and Fleck, E. (2000). Novel mutation in the alpha-tropomyosin gene and transition from hypertrophic to hypocontractile dilated cardiomyopathy. Circulation *102*, E112-6.

Richard, P., Charron, P., Leclercq, C., Ledeuil, C., Carrier, L., Dubourg, O., Desnos, M., Bouhour, J. B., Schwartz, K., Daubert, J. C., Komajda, M., and Hainque, B. (2000). Homozygotes for a R869G mutation in the beta -myosin heavy chain gene have a severe form of familial hypertrophic cardiomyopathy. J Mol Cell Cardiol *32*, 1575-83.

Richard, P., Isnard, R., Carrier, L., Dubourg, O., Donatien, Y., Mathieu, B., Bonne, G., Gary, F., Charron, P., Hagege, M., Komajda, M., Schwartz, K., and Hainque, B. (1999). Double heterozygosity for mutations in the beta-myosin heavy chain and in the cardiac myosin binding protein C genes in a family with hypertrophic cardiomyopathy. J Med Genet *36*, 542-5.

Richardson, P., McKenna, W., Bristow, M., Maisch, B., Mautner, B., O'Connell, J., Olsen, E., Thiene, G., Goodwin, J., Gyarfas, I., Martin, I., and Nordet, P. (1996). Report of the 1995 World Health Organization/International Society and Federation of Cardiology Task Force on the Definition and Classification of cardiomyopathies. Circulation *93*, 841-2.

Sakamoto, A., Ono, K., Abe, M., Jasmin, G., Eki, T., Murakami, Y., Masaki, T., Toyo-oka, T., and Hanaoka, F. (1997). Both hypertrophic and dilated cardiomyopathies are caused by mutation of the same gene, delta-sarcoglycan, in hamster: an animal model of disrupted dystrophin-associated glycoprotein complex. Proc Natl Acad Sci U S A *94*, 13873-8.

Sanderson, J. E., Young, R. P., Yu, C. M., Chan, S., Critchley, J. A., and Woo, K. S. (1996). Lack of association between insertion/deletion polymorphism of the angiotensin-converting enzyme gene and end-stage heart failure due to ischemic or idiopathic dilate cardiomyopathy in the Chinese. Am J Cardiol *77*, 1008-10.

Sanger, F., Nicklen, S., and Coulson, A. R. (1977). DNA sequencing with chain-terminating inhibitors. Proc Natl Acad Sci U S A *74*, 5463-7.

Santorelli, F. M., Mak, S. C., El-Schahawi, M., Casali, C., Shanske, S., Baram, T. Z., Madrid, R. E., and DiMauro, S. (1996). Maternally inherited cardiomyopathy and hearing loss associated with a novel mutation in the mitochondrial tRNA(Lys) gene (G8363A). Am J Hum Genet *58*, 933-9.

Schonberger, J., Levy, H., Grunig, E., Sangwatanaroj, S., Fatkin, D., MacRae, C., Stacker, H., Halpin, C., Eavey, R., Philbin, E. F., Katus, H., Seidman, J. G., and Seidman, C. E. (2000). Dilated cardiomyopathy and sensorineural hearing loss: a heritable syndrome that maps to 6q23-24. Circulation *101*, 1812-8.

Schwinger, R. H., Bohm, M., Schmidt, U., Karczewski, P., Bavendiek, U., Flesch, M., Krause, E. G., and Erdmann, E. (1995). Unchanged protein levels of SERCA II and phospholamban but reduced Ca2+ uptake and Ca(2+)-ATPase activity of cardiac sarcoplasmic reticulum from dilated cardiomyopathy patients compared with patients with nonfailing hearts. Circulation *92*, 3220-8.

Seidman, J. G., and Seidman, C. (2001). The genetic basis for cardiomyopathy: from mutation identification to mechanistic paradigms. Cell *104*, 557-67.

Seliem, M. A., Mansara, K. B., Palileo, M., Ye, X., Zhang, Z., and Benson, D. W. (2000). Evidence for autosomal recessive inheritance of infantile dilated cardiomyopathy: studies from the Eastern Province of Saudi Arabia. Pediatr Res *48*, 770-5.

Shackleton, S., Lloyd, D. J., Jackson, S. N., Evans, R., Niermeijer, M. F., Singh, B. M., Schmidt, H., Brabant, G., Kumar, S., Durrington, P. N., Gregory, S., O'Rahilly, S., and Trembath, R. C. (2000). LMNA, encoding lamin A/C, is mutated in partial lipodystrophy. Nat Genet *24*, 153-6.

Silvestri, G., Santorelli, F. M., Shanske, S., Whitley, C. B., Schimmenti, L. A., Smith, S. A., and DiMauro, S. (1994). A new mtDNA mutation in the tRNA(Leu(UUR)) gene associated with maternally inherited cardiomyopathy. Hum Mutat *3*, 37-43.

Siu, B. L., Niimura, H., Osborne, J. A., Fatkin, D., MacRae, C., Solomon, S., Benson, D. W., Seidman, J. G., and Seidman, C. E. (1999). Familial dilated cardiomyopathy locus maps to chromosome 2q31. Circulation *99*, 1022-6.

Speckman, R. A., Garg, A., Du, F., Bennett, L., Veile, R., Arioglu, E., Taylor, S. I., Lovett, M., and Bowcock, A. M. (2000). Mutational and haplotype analyses of families with familial partial lipodystrophy (Dunnigan variety) reveal recurrent missense mutations in the globular C-terminal domain of lamin A/C. Am J Hum Genet *66*, 1192-8.

Suomalainen, A., Paetau, A., Leinonen, H., Majander, A., Peltonen, L., and Somer, H. (1992). Inherited idiopathic dilated cardiomyopathy with multiple deletions of mitochondrial DNA. Lancet *340*, 1319-20.

Takai, E., Akita, H., Shiga, N., Kanazawa, K., Yamada, S., Terashima, M., Matsuda, Y., Iwai, C., Kawai, K., Yokota, Y., and Yokoyama, M. (1999). Mutational analysis of the cardiac actin gene in familial and sporadic dilated cardiomyopathy. Am J Med Genet *86*, 325-327.

Terasaki, F., Tanaka, M., Kawamura, K., Kanzaki, Y., Okabe, M., Hayashi, T., Shimomura, H., Ito, T., Suwa, M., Gong, J. S., Zhang, J., and Kitaura, Y. (2001). A case of cardiomyopathy showing progression from the hypertrophic to the dilated form: association of Mt8348A-->G mutation in the mitochondrial tRNA(Lys) gene with severe ultrastructural alterations of mitochondria in cardiomyocytes. Jpn Circ J *65*, 691-4.

Tesson, F., Richard, P., Charron, P., Mathieu, B., Cruaud, C., Carrier, L., Dubourg, O., Lautie, N., Desnos, M., Millaire, A., Isnard, R., Hagege, A. A., Bouhour, J. B., Bennaceur, M., Hainque, B., Guicheney, P., Schwartz, K., and Komajda, M. (1998). Genotype-phenotype analysis in four families with mutations in beta-myosin heavy chain gene responsible for familial hypertrophic cardiomyopathy. Hum Mutat *12*, 385-92.

Tesson, F., Sylvius, N., Pilotto, A., Dubosq-Bidot, L., Peuchmaurd, M., Bouchier, C., Benaiche, A., Mangin, L., Charron, P., Gavazzi, A., Tavazzi, L., Arbustini, E., and Komajda, M. (2000). Epidemiology of desmin and cardiac actin gene mutations in a european population of dilated cardiomyopathy. Eur Heart J *21*, 1872-1876.

Tiret, L., Mallet, C., Poirier, O., Nicaud, V., Millaire, A., Bouhour, J. B., Roizes, G., Desnos, M., Dorent, R., Schwartz, K., Cambien, F., and Komajda, M. (2000). Lack of association between polymorphisms of eight candidate genes and idiopathic dilated cardiomyopathy: the CARDIGENE study. J Am Coll Cardiol *35*, 29-35.

Towbin, J. A. (1998). The role of cytoskeletal proteins in cardiomyopathies. Curr Opin Cell Biol *10*, 131-139.

Towbin, J. A., Hejtmancik, J. F., Brink, P., Gelb, B., Zhu, X. M., Chamberlain, J. S., McCabe, E. R., and Swift, M. (1993). X-linked dilated cardiomyopathy. Molecular genetic evidence of linkage to the Duchenne muscular dystrophy (dystrophin) gene at the Xp21 locus. Circulation *87*, 1854-65.

Tsubata, S., Bowles, K. R., Vatta, M., Zintz, C., Titus, J., Muhonen, L., Bowles, N. E., and Towbin, J. A. (2000). Mutations in the human delta-sarcoglycan gene in familial and sporadic dilated cardiomyopathy. J Clin Invest *106*, 655-662.

Vancura, V., Hubacek, J., Malek, I., Gebauerova, M., Pitha, J., Dorazilova, Z., Langova, M., Zelizko, M., and Poledne, R. (1999). Does angiotensin-converting enzyme polymorphism influence the clinical manifestation and progression of heart failure in patients with dilated cardiomyopathy? Am J Cardiol *83*, 461-2, A10.

Vilarinho, L., Santorelli, F. M., Rosas, M. J., Tavares, C., Melo-Pires, M., and DiMauro, S. (1997). The mitochondrial A3243G mutation presenting as severe cardiomyopathy. J Med Genet *34*, 607-9.

Wayne, S., Robertson, N. G., DeClau, F., Chen, N., Verhoeven, K., Prasad, S., Tranebjarg, L., Morton, C. C., Ryan, A. F., Van Camp, G., and Smith, R. J. (2001). Mutations in the transcriptional activator EYA4 cause late-onset deafness at the DFNA10 locus. Hum Mol Genet *10*, 195-200.

Wessely, R., Klingel, K., Santana, L. F., Dalton, N., Hongo, M., Jonathan Lederer, W., Kandolf, R., and Knowlton, K. U. (1998). Transgenic expression of replication-restricted enteroviral genomes in heart muscle induces defective excitation-contraction coupling and dilated cardiomyopathy. J Clin Invest *102*, 1444-53.

Xia, H., Winokur, S. T., Kuo, W. L., Altherr, M. R., and Bredt, D. S. (1997). Actinin-associated LIM protein: identification of a domain interaction between PDZ and spectrin-like repeat motifs. J Cell Biol *139*, 507-15.

Yamada, Y., Ichihara, S., Fujimura, T., and Yokota, M. (1998). Identification of the G994--> T missense in exon 9 of the plasma platelet-activating factor acetylhydrolase gene as an independent risk factor for coronary artery disease in Japanese men. Metabolism *47*, 177-81.

Yamada, Y., Ichihara, S., Fujimura, T., and Yokota, M. (1997). Lack of association of polymorphisms of the angiotensin converting enzyme and angiotensinogen genes with nonfamilial hypertrophic or dilated cardiomyopathy. Am J Hypertens *10*, 921-8.

Yoshida, K., Nakamura, A., Yazaki, M., Ikeda, S., and Takeda, S. (1998). Insertional mutation by transposable element, L1, in the DMD gene results in X-linked dilated cardiomyopathy. Hum Mol Genet *7*, 1129-32.

Young, P., Ferguson, C., Banuelos, S., and Gautel, M. (1998). Molecular structure of the sarcomeric Z-disk: two types of titin interactions lead to an asymmetrical sorting of alpha-actinin. Embo J *17*, 1614-24.

Zhou, Q., Chu, P. H., Huang, C., Cheng, C. F., Martone, M. E., Knoll, G., Shelton, G. D., Evans, S., and Chen, J. (2001). Ablation of Cypher, a PDZ-LIM domain Z-line protein, causes a severe form of congenital myopathy. J Cell Biol *155*, 605-12.

European Heart Journal (2000) **21**, 1872–1876
doi:10.1053/euhj.2000.2245, available online at http://www.idealibrary.com on IDEAL®

Epidemiology of desmin and cardiac actin gene mutations in a European population of dilated cardiomyopathy

F. Tesson[1,2], N. Sylvius[1,2], A. Pilotto[3], L. Dubosq-Bidot[1,2], M. Peuchmaurd[1,2], C. Bouchier[1,2], A. Benaiche[1,2], L. Mangin[1], P. Charron[1,2,4], A. Gavazzi[5], L. Tavazzi[5], E. Arbustini[3] and M. Komajda[1,2,4]

[1]*Laboratoire de Génétique et Insuffisance Cardiaque, Association Claude Bernard/Université Paris VI, Groupe hospitalier Pitié-Salpêtrière, Paris, France;* [2]*IFR 14 Coeur, Muscles et Vaisseaux, Paris, France;* [3]*Istituto di Anatomia Patologica e Diagnostica Molecolare, IRCCS Policlinico San Matteo, Pavia, Italy;* [4]*Service de Cardiologie, Groupe hospitalier Pitié-Salpêtrière, Paris, France;* [5]*Cardiology Department, IRCCS Policlinico San Matteo, Pavia, Italy*

Aims Although dilated cardiomyopathy is the most frequent form of cardiomyopathy, its aetiology is still poorly understood. In about 20–30% of cases the disease is familial with a large predominance of autosomal dominant transmission. Ten different chromosomal loci have been described for autosomal dominant forms of dilated cardiomyopathy. Only two genes have been associated with pure forms (without myopathy and/or conduction disorders) of the disease, the cardiac actin and the desmin genes. Our aim was to determine the proportion of dilated cardiomyopathy affected individuals carrying a mutation in one of these two genes.

Methods and Results We performed (1) a systematic polymerase chain reaction-SSCP-sequencing screening of the coding sequences of cardiac actin on DNA samples from 43 probands of dilated cardiomyopathy families and 43 sporadic cases; (2) a systematic polymerase chain reaction-SSCP-sequencing screening of the coding sequences of desmin combined with a search for the described missense mutation (Ile451Met) by restriction fragment length polymorphism analysis on DNA samples from 41 probands of dilated cardiomyopathy families and 22 sporadic cases.

Conclusion None of the patients presents a mutation in any of these two genes. Consequently, the proportion of European dilated cardiomyopathy affected individuals bearing a mutation in (1) the cardiac actin gene is less than 1·2%, (2) the desmin gene is less than 1·6%.
(Eur Heart J 2000; 21: 1872–1876, doi:10.1053/euhj.2000.2245)

Key Words: Familial dilated cardiomyopathy, cardiac actin gene, desmin gene.

See page 1817 for the Editorial comment on this article

Introduction

Dilated cardiomyopathy is the most frequent form of cardiomyopathy. The estimated prevalence of dilated cardiomyopathy is 36·5 per 100 000 individuals in the U.S.A.[1]. The disease is defined by unexplained dilatation and impaired contraction of the left ventricle or both ventricles. It is a significant health problem, as dilated cardiomyopathy often leads to progressive refractory heart failure and accounts generally for more than 50% of heart transplantation indications. Dilated cardiomyopathy is also associated with high rates of sudden death due to ventricular arrhythmia, that may occur at any stage. Five-years mortality rates of 30–50% are reported, making early detection and treatment a priority.

Dilated cardiomyopathy may be idiopathic, familial, of genetic origin, viral and/or immune, alcoholic/toxic or associated with recognized cardiovascular disease[2]. The aetiology of the disease is idiopathic in approximately half of the patients but the importance of genetic factors has been underestimated until recently. At the present, the disease appears to be familial in 20–30% of

Manuscript submitted 18 April 2000, and accepted 19 April 2000.

Correspondence: Professor Michel Komajda, Service de Cardiologie, Groupe hospitalier Pitié-Salpêtrière 47 bd de l'Hôpital, 75651 Paris cedex 13, France.

cases[1,3,4]. In about 70% of inherited cases the disease is transmitted following an autosomal dominant form. While five different disease loci have been linked to the autosomal dominant pure form of dilated cardiomyopathy, only cardiac actin and desmin gene mutations have been described so far[5–7]. Two different mutations in the cardiac actin gene were found in two unrelated small families: a G-A transversion leading to Arg312His (exon 5) and an A-G transversion leading to Glu361Gly (exon 6)[8]. Until August 1999, the cardiac actin gene was the only putative disease gene known to be responsible for the autosomal dominant form of the disease. Thus screening for actin gene mutations had been initiated in different laboratories. The cardiac actin gene seemed to be rarely implicated: no mutation was found in the coding sequence of the gene in 44 probands registered in the U.S.A.[7], in 30 Japanese familial dilated cardiomyopathy patients, in 106 Japanese sporadic cases[9], or in 11 patients belonging to eight families and 46 sporadic cases of mostly black African origin (56%)[10]. A missense mutation in the desmin gene, Ile451Met (C-G substitution in exon 8) was recently identified as the genetic cause of idiopathic dilated cardiomyopathy in a family recruited in the U.S.A.[7]. In order to define the epidemiology of cardiac actin and desmin gene mutations in European patients with dilated cardiomyopathy, we screened for mutation (1) the entire coding sequence of the cardiac actin gene (six exons) in 43 unrelated probands from European dilated cardiomyopathy families, 43 sporadic cases collected in France and in Italy and (2) the entire coding sequence of the desmin gene (nine exons) in 41 unrelated probands and 22 sporadic cases collected in France and in Italy. The results allow us to define the epidemiology of cardiac actin and desmin gene mutations in European patients with dilated cardiomyopathy.

Subjects and methods

Clinical evaluation

Patients were included following the previously described clinical criteria[11,12]. Patients with at least two first-degree relatives with documented idiopathic dilated cardiomyopathy were identified as familial cases (probands). Two different populations were studied: (1) 43 probands from identified families[12,13], (2) 43 sporadic cases, recruited in France and in Italy. Written informed consent was obtained in accordance with study protocols approved by hospital ethical committees.

Screening of the coding sequence of the cardiac actin and the desmin genes

Genomic DNA was prepared from white blood cells by phenol extraction[14] and from heart biopsies by a conventional method[15]. Cardiac actin and desmin coding sequences were amplified by polymerase chain reaction in order to obtain fragments of about 150–400 bp that are of suitable size for SSCP analysis. Cardiac actin exons 1, 3, 4, 5 and 6 were amplified using oligonucleotide primers designed from intronic flanking exons published sequences (accession number: J00070, J00071, J00072, and J00073)[16,17]. Cardiac actin exon 2 was amplified in two overlapping fragments of 283 (forward primer: 5′ TCCTGACATGGTGAGAGC 3′; reverse primer 5′ AGTCATCTTCTCCCGGTT 3′) and 272 bp (forward primer: 5′ CATGGAGAAGATCTG GCA 3′; reverse primer 5′ ATTCACAGCAAGGT CGGT 3′). Desmin exons 1, 2–3, 4–5, 6 and 8 were amplified as previously described[7]. As the polymerase chain reaction product of exons 4–5 is too large (621 bp) to perform an efficient SSCP screening, it is digested by Taq I before being loaded onto SSCP gel. Taq I enzyme generates two fragments of 388 and 233 bp. Desmin exons 7 and 8–9 were amplified as described in Vicart *et al.*[18]. Each amplified DNA fragment from the cardiac actin and desmin gene was submitted to SSCP analysis in the presence of one control DNA fragment (8–11% (w/v) non-denaturing polyacrylamide gels, 8 mA per gel, visualization by silver staining (Pharmacia)). SSCP analyses were systematically performed at both 10 °C and 20 °C. Single-stranded DNA was visualized by silver staining. The SSCP method is expected to detect approximately 80–90% of sequence variations. If there was a suspicion of an altered DNA sample SSCP profile compared with the control sample SSCP profile, the patient's DNA as well as the control DNA samples were systematically double-stranded sequenced. If all DNA fragments presented the same SSCP profile, at least two fragments were randomly chosen and double-stranded sequenced. The sequencing was performed by the dideoxynucleotide chain termination method with fluorescent dideoxynucleotides on an Applied Biosystem DNA sequencer (Applied Biosystems).

Genotypes for Ileu451Met mutation were determined in cases and controls using polymerase chain reaction amplification followed by RFLP analysis with the *Nco*I restriction enzyme as described by Li *et al.*[7].

Results

Cardiac actin coding sequence screening

We screened for mutation the six exons from the cardiac actin gene by using a polymerase chain reaction-SSCP method in 43 probands from European families as well as in 43 DNAs from sporadic cases recruited in France and in Italy. A double-stranded sequence was carried out (1) systematically for at least one patient's DNA and one control DNA, (2) if there was any suspicion of an abnormal SSCP profile. A total of 36 samples (6%) have been sequenced. No difference between SSCP profiles was depicted. None of the amplified DNA samples from the 86 patients carried a mutation expected to change the amino acid sequence. It should be noted that the determined cardiac actin coding sequence determined was identical with the known one[16,17], except for four bases at positions 506, 1720, 1764 and 2804; these were, respectively, a G, a T, a C and a C in all the alleles sequenced or analysed by SSCP and not a T, a C, a T and a T as previously described[16,17]. Codons are translated respectively into a valine (amino acid position 98), a leucine (amino acid position 238), an isoleucine (amino acid position 252) and a leucine (amino acid position 348), as previously described. In familial dilated cardiomyopathy, cardiac actin gene mutation is therefore responsible for the disease in less than 2·4% of cases. The proportion of European dilated cardiomyopathy affected individuals including both familial and isolated cases bearing a mutation in the cardiac actin gene is less than 1·2%.

Screening of desmin coding sequence

We screened for mutation, nine exons from the desmin gene by using a polymerase chain reaction-SSCP method in 41 probands and 22 sporadic cases from European families. DNA samples analysed are identical with the DNA samples analysed in the case of cardiac actin, except for two probands and 21 sporadic cases whose samples were missing at the time of desmin analysis. A double-stranded sequence was carried out (1) systematically for at least one patient's DNA and one control DNA, (2) and when there was any suspicion of an abnormal SSCP profile. A total of 32 samples (7·3%) have been sequenced. We also screened the French panel of European dilated cardiomyopathy DNA samples, i.e. 24 probands and 10 sporadic cases, for Ileu451Met mutation by polymerase chain reaction-RFLP using the *Nco*I restriction enzyme as described by Li *et al.*[7]. Three previously reported silent sequence variations in exon 4, 5, and 6[18,19] were detected in both cases and controls (Table 1). For T905C polymorphism, we noted three TT homozygous samples, four CC homozygous samples, and no heterozygous sample. For G1091C polymorphism, we noted by sequencing five GG homozygous samples, two CC homozygous samples, and no heterozygous sample. For G1181A polymorphism, no GG homozygous sample, one AA homozygous sample, and one heterozygous sample were noted by sequencing. None of the amplified DNA samples from the 63 patients carried a mutation expected to change the amino acid sequence. It should be mentioned that the sequence variation (an alanine residue insertion between alanine 134 and leucine 135) described by Goldfarb *et al.*[19] was confirmed in both cases and controls. No Ileu451Met substitution was found.

In familial dilated cardiomyopathy, desmin gene mutation is responsible for the disease in less than 2·5% of cases. The proportion of European dilated cardiomyopathy affected individuals including both familial and isolated cases bearing a mutation in the desmin actin gene is less than 1·6%.

***Table 1** Human cardiac actin and desmin coding sequence known variations*

Exon	Cardiac actin		Desmin	
	Mutation	Polymorphism	Mutation	Polymorphism
1				
2		Ile73Ile (C431T)[10]		
3				
4				Asp275Asp (T905C)[18]*
5	Arg312His (G867A)[8]			Leu336Leu (G1091C)[19]*
6	Glu361Gly (A1014G)[8]	(G979C)[9] (C1018T)[9]		Ala367Ala (G1181A)[18]*
7	—	—		
8	—	—	Ile451Met (C1353G)[7]	
9	—	—		

Variations are reported referring to the amino acid position and to the nucleotide position in brackets.
Previously reported variations that were detected in the present work are labelled with an asterisk.

Discussion

Our results show that cardiac actin and desmin gene mutations are unlikely to be responsible for dilated cardiomyopathy in the European population studied. However, it should be noted that by using the SSCP/sequencing method, we could have missed sequence variations. The two different mutations in the cardiac actin gene were found in two unrelated small families, one of them (Arg312His) of German ancestry and the other (Glu361Gly) of Swedish–Norwegian ancestry[8]. Taking into account all published data, only these two mutations have been found by screening of, at least, 130 probands [References 7–10, and this report] and 195 sporadic cases [References 9,10, and this report]. Mutations in cardiac actin are, therefore, responsible for less than 1·5% of inherited dilated cardiomyopathy and less than 0·6% of both inherited and sporadic cases. The mutation in the desmin gene (Ile451Met) was identified in a white family recruited in the U.S.A.[7], which was potentially of European origin. In the cardiac actin coding sequence obtained from a Japanese population of patients, two polymorphisms had been depicted in the coding sequence: G979C and C1018T in exon 6 (Table 1)[9]. Another polymorphism, C431T (Ile73Ile), has been pointed out in a population with 56% of individuals of black African origin (Table 1)[10]. It should be noted that the mutation found in the cardiac actin gene and responsible for hypertrophic cardiomyopathy[20] was not found in our screening. We confirmed the three polymorphisms already described in the desmin mRNA sequence[18,19] (Table 1).

The determination of the genes implicated in dilated cardiomyopathy remains a challenge for geneticists. Until 1999, ten loci had been described (1p1-q21; 1q32;

2q14-22; 2q31; 2q35; 3p22-25; 6q23-24; 9q13-22; 10q21-23; 15q14)[5–7,21,22]. Most of these loci (seven out of ten) have been linked to the disease in a single family. It is worth noting the relatively large putative chromosomal interval for many of the loci listed. The positional cloning strategy, which is the most effective approach for determining the genes implicated in monogenic diseases, seems not to be effective for dilated cardiomyopathy. Several reasons could explain this phenomenon. Due to the severity of the disease, families are rarely genetically informative. The penetrance of the disease is incomplete and age-related in most of the families studied[12,23,24]. Mutations in the cardiac actin[8] and the desmin[7] genes, located at 15q14 and 2q35 respectively, have been found responsible for the pure form of the disease. These two genes were identified using, instead of a positional cloning strategy, a candidate gene approach. Candidate gene approach is prone to false positives since it offers no robust way to differentiate between a rare polymorphism and a mutation. In the case of cardiac actin gene mutations leading to familial dilated cardiomyopathy, four individuals in one family were genetically affected, of whom three presented a clear dilated cardiomyopathy whereas the diagnosis of the fourth subject was uncertain[8]. In the other family, two out of four genetically affected individuals presented a clear dilated cardiomyopathy whereas the diagnosis of the two remaining subjects was uncertain[8]. These data, combined with the fact that no other group has as yet found a cardiac actin mutation in dilated cardiomyopathy patients, suggested that the mutations described by Olson *et al.*[8] could be incidental rare polymorphisms. Moreover, in terms of linkage analysis, there is strong evidence indicating a causal role of cardiac actin gene mutations in hypertrophic cardiomyopathy[20].

Looking at desmin gene mutation, only two out of four genetically affected individuals presented dilated cardiomyopathy and two other individuals were obligate carriers without evidence to suggest they were affected[7]. This incomplete penetrance may lead to a misinterpretation of the linkage results. An association of Ile451Met mutation in the desmin gene with desmin myopathy has been recently reported[25]. The desmin myopathy is a skeletal myopathy with cardiomyopathy. In the proband of the family described, mitral-valve prolapse and mitral and tricuspid regurgitation developed 8 years after the onset of skeletal myopathy[25]. The same mutation therefore has been described as responsible for two different phenotypes. There is no explanation for this finding. One possible cause might be the contribution of other genetics and/or environmental factors to the development of phenotype. Nevertheless, these results illustrate the difficulties of diagnosis for dilated cardiomyopathy. Likewise, in the pedigree utilized to determine the chromosomal location of the gene implicated in the autosomal dominant form of Emery–Dreifuss muscular dystrophy, only five out of the 17 affected members presented all clinical criteria of Emery–Dreifuss muscular dystrophy and 12 displayed only the cardiac symptoms (severe auriculo-ventricular conduction defect and sinusal dysfunction that resulted in a severe dilated cardiomyopathy)[26,27]. The gene responsible for the autosomal dominant form of Emery–Dreifuss muscular dystrophy is the lamin A/C gene[27]. However, very recently, mutations responsible for a form of dilated cardiomyopathy appearing after conduction disease have been described in the same lamin A/C gene[21]. Four out of five families bearing a mutation in the lamin A/C gene had either joint contractures, skeletal myopathy or elevated serum creatine kinase levels that are a characteristic of Emery–Dreifuss muscular dystrophy[21]. In one family, even if members did not have joint contractures or skeletal myopathy, some of them presented mildly elevated serum creatine kinase levels. These data points emphasize the heterogeneity of the disease from a genetic as well as from a clinical point of view.

In conclusion, on the basis of experience in Caucasian non-selected European populations, originated from France and Italy, mutations in genes encoding for desmin and cardiac actin appear to be very uncommon.

These studies would not have been possible without the invaluable assistance of patients and family members. We would like to thank Dr P. Vicard for discussion about desmin gene sequences. This work was made possible by generous grants from Parke Davis France, Bristol-Myers Squibb, Zeneca Pharmaceuticals, the Association Francaise contre les Myopathies, and the Fédération Française de Cardiologie.

References

[1] Michels VV, Moll PP, Miller FA *et al.* The frequency of familial dilated cardiomyopathy in a series of patients with idiopathic dilated cardiomyopathy. N Engl J Med 1992; 326: 77–82.

[2] Richardson P, McKenna W, Bristow M *et al.* Report of the 1995 World Health Organization/International Society and Federation of Cardiology Task Force on the Definition and Classification of cardiomyopathies. Circulation 1996; 93: 841–2.

[3] Keeling PJ, Gang Y, Smith G *et al.* Familial dilated cardiomyopathy in the United Kingdom. Br Heart J 1995; 73: 417–21.

[4] Grunig E, Tasman JA, Kucherer H, Franz W, Kubler W, Katus HA. Frequency and phenotypes of familial dilated cardiomyopathy. J Am Coll Cardiol 1998; 31: 186–94.

[5] Komajda M, Charron P, Tesson F. Genetic aspects of heart failure. Eur J Heart Failure 1999; 1: 121–6.

[6] Siu BL, Niimura H, Osborne JA *et al.* Familial dilated cardiomyopathy locus maps to chromosome 2q31. Circulation 1999; 99: 1022–6.

[7] Li D, Tapscoft T, Gonzalez O *et al.* Desmin mutation responsible for idiopathic dilated cardiomyopathy. Circulation 1999; 100: 461–4.

[8] Olson TM, Michels VV, Thibodeau SN, Tai YS, Keating MT. Actin mutations in dilated cardiomyopathy, a heritable form of heart failure. Science 1998; 280: 750–2.

[9] Takai E, Akita H, Shiga N *et al.* Mutational analysis of the cardiac actin gene in familial and sporadic dilated cardiomyopathy. Am J Med Genet 1999; 86: 325–7.

[10] Mayosi BM, Khogali S, Zhang B, Watkins H. Cardiac and skeletal actin gene mutations are not a common cause of dilated cardiomyopathy. J Med Genet 1999; 36: 796–7.

[11] Mestroni L, Maisch B, McKenna WJ *et al.* Guidelines for the study of familial dilated cardiomyopathies. Collaborative Research Group of the European Human and Capital Mobility Project on Familial Dilated Cardiomyopathy. Eur Heart J 1999; 20: 93–102.
[12] Mangin L, Charron Ph, Tesson F *et al.* Familial dilated cardiomyopathy: clinical features in French families. Eur J Heart Failure 1999; 1: 353–61.
[13] Repetto A, Gavazzi A, Giraldi M *et al.* Prevalence, inheritance and characteristics of familial, non-X linked dilated cardiomyopathy. Eur Heart J 1999; 20: 360.
[14] Miller SA, Dykes DD, Polesky HF. A simple salting out procedure for extracting DNA from human nucleated cells. Nucleic Acids Res 1988; 16: 1215.
[15] Sambrook J, Fritsch EF, Maniatis T. Molecular cloning: a laboratory manual. New York: Cold Spring Harbor Laboratory Press, 1989.
[16] Hamada H, Petrino MG, Kakunaga T. Molecular structure and evolutionary origin of human cardiac muscle actin gene. Proc Natl Acad Sci USA 1982; 79: 5901–5.
[17] Gunning P, Ponte P, Blau H, Kedes L. Alpha-skeletal and alpha-cardiac actin genes are coexpressed in adult human skeletal muscle and heart. Mol Cell Biol 1983; 3: 1985–95.
[18] Vicart P, Dupret JM, Hazan J *et al.* Human desmin gene: cDNA sequence, regional localization and exclusion of the locus in a familial desmin-related myopathy. Hum Genet 1996; 98: 422–9.
[19] Goldfarb LG, Park KY, Cervenakova L *et al.* Missense mutations in desmin associated with familial cardiac and skeletal myopathy. Nat Genet 1998; 19: 402–3.
[20] Mogensen J, Klausen IC, Pedersen AK *et al.* Alpha-cardiac actin is a novel disease gene in familial hypertrophic cardiomyopathy. J Clin Invest 1999; 103: R39–43.
[21] Fatkin D, MacRae C, Sasaki T *et al.* Missense Mutations in the Rod Domain of the Lamin A/C Gene as Causes of Dilated Cardiomyopathy and Conduction-System Disease. N Engl J Med 1999; 341: 1715–24.
[22] Jung M, Poepping I, Perrot A *et al.* Investigation of a Family with Autosomal Dominant Dilated Cardiomyopathy Defines a Novel Locus on Chromosome 2q14-q22. Am J Hum Genet 1999; 65: 1068–77.
[23] Mestroni L, Krajinovic M, Severini GM *et al.* Familial dilated cardiomyopathy. Br Heart J 1994; 72: S35–41.
[24] Mestroni L, Rocco C, Gregori D *et al.* Familial dilated cardiomyopathy: evidence for genetic and phenotypic heterogeneity. Heart muscle Disease Study Group. J Am Coll Cardiol 1999; 34: 181–90.
[25] Dalakas MC, Park KY, Semino-Mora C, Lee HS, Sivakumar K, Goldfarb LG. Desmin myopathy, a skeletal myopathy with cardiomyopathy caused by mutations in the desmin gene. N Engl J Med 2000; 342: 770–80.
[26] Duboc D, Bonne G, Becane H-M *et al.* Clinical presentation and genetic localisation of a new form of autosomal dominant dilated cardiomyopathy. Circulation 1998; 98: I-297.
[27] Bonne G, Di Barletta MR, Varnous S *et al.* Mutations in the gene encoding lamin A/C cause autosomal dominant Emery–Dreifuss muscular dystrophy. Nat Genet 1999; 21: 285–8.

Am. J. Hum. Genet. 68:241–246, 2001

Report

A New Locus for Autosomal Dominant Dilated Cardiomyopathy Identified on Chromosome 6q12-q16

N. Sylvius,[1,3] F. Tesson,[1,3,*] C. Gayet,[5] P. Charron,[1,2,3] A. Bénaïche,[1,3] L. Mangin,[1,†] M. Peuchmaurd,[1,3] L. Duboscq-Bidot,[1,3] J. Feingold,[4] J. S. Beckmann,[6,‡] C. Bouchier,[1,3] and M. Komajda[1,2,3]

[1]Laboratoire Génétique et Insuffisance Cardiaque, Association Claude Bernard/Université Paris VI, and [2]Service de Cardiologie, Pavillon Rambuteau, Groupe hospitalier Pitié-Salpêtrière, [3]IFR 14 "Coeur, Muscles et Vaisseaux," and [4]Unité de Recherches, INSERM U393, Paris; [5]Service de Cardiologie, Hôpital de la Croix Rousse, Lyon; and [6]URA 1922/Généthon, Evry, France

Dilated cardiomyopathy (DCM) is a heart-muscle disease characterized by ventricular dilatation and impaired heart contraction and is heterogeneous both clinically and genetically. To date, 12 candidate disease loci have been described for autosomal dominant DCM. We report the identification of a new locus on chromosome 6q12-16 in a French family with 9 individuals affected by the pure form of autosomal dominant DCM. This locus was found by using a genomewide search after exclusion of all reported disease loci and genes for DCM. The maximum pairwise LOD score was 3.52 at recombination fraction 0.0 for markers D6S1644 and D6S1694. Haplotype construction delineated a region of 16.4 cM between markers D6S1627 and D6S1716. This locus does not overlap with two other disease loci that have been described in nonpure forms of DCM and have been mapped on 6q23-24 and 6q23. The phospholamban, malic enzyme 1–soluble, and laminin-α4 genes were excluded as candidate genes, using single-strand conformation polymorphism or linkage analysis.

Dilated cardiomyopathy (DCM) is a heart-muscle disease characterized by ventricular dilatation and impaired systolic contraction leading to congestive heart failure and sudden death. The disease appears to be familial in 20%–30% of patients (Keeling et al. 1995; Grünig et al. 1998) and is transmitted in an autosomal dominant manner in 66% of patients (Mestroni et al. 1999*b*). Familial DCM exhibits both clinical variability and genetic heterogeneity. Three disease loci have been linked to autosomal dominant pure DCM: 1q32 (*CMD1D* [MIM 601494], Durand et al. 1995), 2q31 (*CMD1G* [MIM 604145], Siu et al. 1999), and 9q13-22 (*CMD1B* [MIM 600884], Krajinovic et al. 1995). Mutations in cardiac actin, desmin, and δ-sarcoglycan genes mapped on 15q14, 2q35, and 5q33, respectively, have been identified in the disease by using a candidate-gene approach (Olson et al. 1998; Li et al. 1999; Tsubata et al. 2000). Loci for DCM associated with conduction-system disease have been mapped on chromosome 1q21.2, with mutations reported in the *LMNA* (lamin A/C) gene (*CMD1A* [MIM 115200]) (Kass et al. 1994; Fatkin et al. 1999; Brodsky et al. 2000), 2q14-22 (*CMD1H* [MIM 604288]) (Jung et al. 1999), and 3p22-p25 (*CMD1E* [MIM 601154]) (Olson and Keating 1996). Two disease loci—on chromosomes 1q21.2, with mutations in the *LMNA* gene (*CMD1A*, Brodsky et al. 2000), and 6q23 (*CMD1F* [MIM 602067], Messina et al. 1997)—have also been described in DCM associated with skeletal-muscle abnormalities. DCM associated with mitral valve prolapse has been mapped on 10q21 (*CMD1C* [MIM 601493]) (Bowles et al. 1996), and a chromosomal locus for DCM associated with sensorineural hearing loss has been reported on 6q23-24 (*CMD1J*) (Schönberger et al. 2000).

We report results of linkage analysis of a French family in which affected individuals in three successive generations express the pure form of DCM. Family members

Received August 30, 2000; accepted for publication November 6, 2000; electronically published November 20, 2000.

Address for correspondence and reprints: Dr. C. Bouchier, Laboratoire Génétique et Insuffisance Cardiaque, Pavillon Rambuteau, Groupe hospitalier Pitié-Salpêtrière 47 boulevard de l'Hôpital, 75651 Paris cedex 13, France. E-mail: bouchier@chups.jussieu.fr

* Present affiliation: University of Ottawa Heart Institute, Ottawa

† Present affiliation: Laboratoire de Physiopathologie, Service de Pneumologie, Groupe hospitalier Pitié-Salpêtrière, Paris

‡ Present affiliation: Centre National de Génotypage, Evry, France

0002-9297/2001/6801-0026$02.00

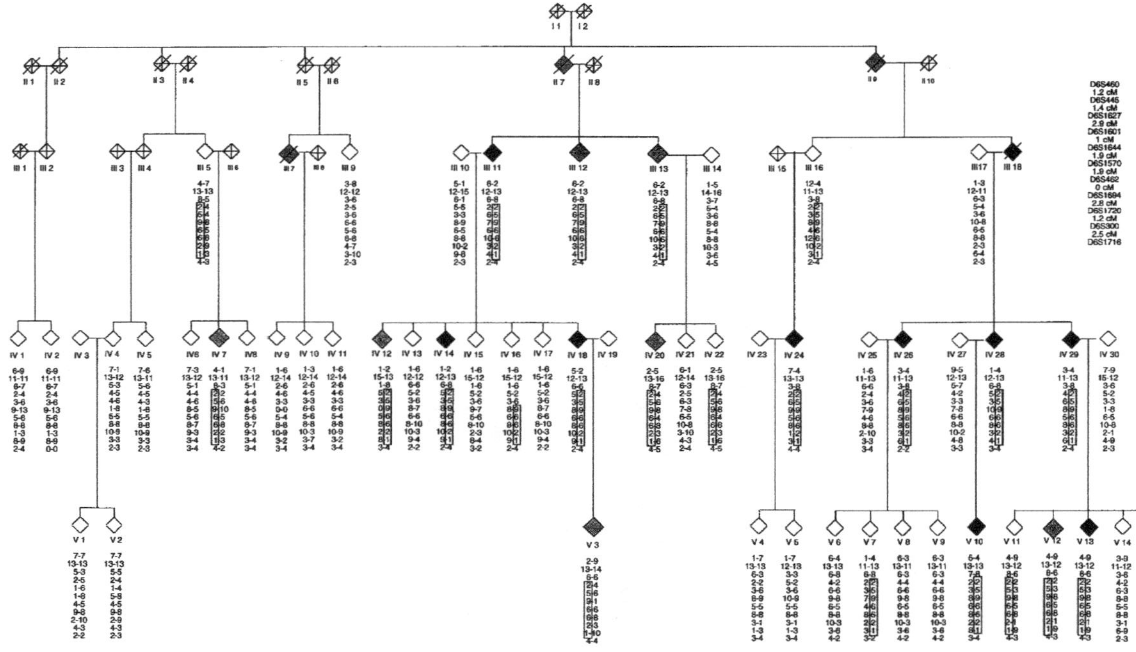

Figure 1 Pedigree showing haplotype reconstruction for chromosome 6q markers in a French family affected by autosomal dominant DCM. 0 = uncertain interpretation of genotypes even after several independent experiments. Disease haplotype is boxed. Individuals with no clinical data are indicated by a cross. Blackened symbols indicate affected individuals, unblackened symbols indicate asymptomatic individuals, and gray symbols indicate individuals with unknown DCM status.

Table 1

Clinical Data on Carriers of the Disease Haplotype

Subject	DCM Phenotype	Sex/Age (years)[a]	BSA (m^2)	NYHA Class	LVEDD (mm)	LVESD (mm)	EF (%)	ECG Finding	Comment
III5	H	M/76	1.83	I	<55	NA	>55		
III11	A	F/66	1.58	I	51	40	43	VPB	MR2/4
III12	U	F/64	1.48	II	NA	NA	42		Isolated LV dysfunction
III13	U	M/58	2.01	II	65	52	40	iLBB	DCM but CAD
III16	H	F/84	1.39	I	42	27	66	Left QRS axis	MVP; MR3/4
IV7	U	F/43	1.50	I	52	34	63		Isolated LV dilatation
IV12	U	M/45	2.03	I	56	39	57	iRBB	Isolated LV dilatation
IV14	A	M/33	1.82	I	58	46	42		
IV16	H	F/39	1.85	I	54	36	61		
IV18	A	F/40	1.78	II	60	49	37	VPB	
IV20	U	F/35	2.09	II	50	35	57		VO_2 = 19 ml/kg/min; CHF
IV22	H	M/28	2.14	I	57	40	56		
IV24	A	M/60	1.95	I	68	58	30	iLBB, VPB	
IV26	A	F/55	1.61	II	73	60	36	VPB	
IV28	A	F/48	1.68	II	53	45	32		
IV29	A	F/55	1.55	I	54	40	50		
V3	U	M/19	1.96	I	52	40	48	LAH	Isolated mild LV dysfunction
V7	H	M/34	1.90	I	54	36	61		
V10	A	M/17	1.88	I	57	46	39		
V11	H	F/34	1.60	I	49	31	66		
V12	U	M/37	2.11	I	59	40	60	iLBB	Isolated LV dilatation
V13	A	F/29	1.75	II	78	58	49	iLBB	

NOTE.— A = affected; BSA = body surface area; CAD = coronary artery disease; CHF = congestive heart failure; EF = ejection fraction; H = healthy carrier; iLBB = incomplete left bundle branch block; iRBB = incomplete right bundle branch block; LAH = left atrium hypertrophy; LV = left ventricular; LVEDD = LV end diastolic diameter; LVESD = LV end systolic diameter; MR = mitral regurgitation; MVP = mitral valve prolapse; NA = data not available; VPB = ventricular premature beats (≥1 triplet); U = unknown status. VO_2 = maximal oxygen uptake during exercise.

[a] Age at genetic inquest and clinical evaluation.

received clinical evaluation, including electrocardiogram (ECG) and echocardiography. Coronary angiography was performed in the proband and in those relatives who were suspected of having ischemic heart disease. The diagnosis of DCM was based on major and minor criteria established in a European collaboration (see details in Mestroni et al. 1999*a*). A subject's status was considered "unknown" if mild abnormalities or confounding factors, such as coronary artery disease, were present. A simplified pedigree of the family is presented in figure 1. Clinical data of 22 subjects carrying the disease haplotype are summarized in table 1. Of the nine subjects who were diagnosed as phenotypically affected by DCM, five had previously reported New York Heart Association (NYHA) class III dyspnea, and three had significant ventricular premature beats (with triplets). Seven subjects carrying the common haplotype were considered to have unknown status in the linkage analysis, because of the presence of mild cardiac abnormalities that included isolated left ventricular (LV) diameter enlargement (individuals IV7, IV12, and V12), isolated low ejection fraction (individuals III12 and V3), significant coronary artery disease that could interfere with the diagnosis of DCM (individual III13), and congestive heart failure (individual IV20). No subject had a conduction defect or skeletal muscle abnormalities at clinical examination.

Table 2

Pairwise LOD Scores for 11 Markers on Chromosome 6

	LOD SCORE AT θ =[b]			
MARKER[a]	.0	.01	.05	.1
D6S460	−.10	.84	1.29	1.30
D6S445	2.56	2.52	2.34	2.10
D6S1627	−1.39	.86	1.34	1.37
D6S1601	1.28	1.26	1.16	1.03
D6S1644	3.53	3.47	3.20	2.84
D6S1570	3.03	2.98	2.79	2.54
D6S462	1.83	1.80	1.65	1.47
D6S1694	3.52	3.46	3.23	2.93
D61720	3.30	3.25	3.01	2.70
D6S300	2.77	2.72	2.51	2.24
D6S1716	−1.21	.61	1.13	1.20

[a] Markers are shown in order from centromere to telomere, according to Dib et al. (1996).

[b] Maximum LOD scores are underlined.

Blood samples from 51 persons were obtained, and genomic DNA was extracted using standard procedures,

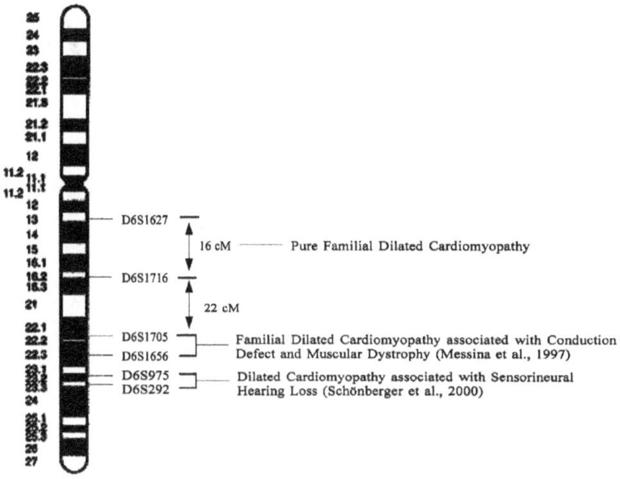

Figure 2 Ideogram of chromosome 6 with approximate location of DCM loci and flanking markers

in collaboration with the Généthon Bank. Informed consent was obtained from all participants, in accordance with requirements of the Pitié-Salpêtrière hospital ethics committee. To map the disease gene, we performed a genomewide scan with 342 fluorescent microsatellite markers selected from the Généthon human linkage map (Dib et al. 1996), which covers the entire human genome with a resolution of ~10 cM. Markers were amplified by PCR (Dib et al. 1996) and were separated on an automatic ABI 377 DNA sequencer before analysis with the GENESCAN version 2.2 and GENOTYPER version 2.0 software (Applied Biosystems).

Pairwise calculations were performed with MLINK version 5.2, under an autosomal dominant model. The allele frequencies of the microsatellite markers were set as equal ($1/n$), and frequencies for the disease and normal allele were set at .0003 and .9997, respectively (Krajinovic et al. 1995). No sex difference was considered. Penetrance of the disease, calculated according to the method of Johnson et al. (1996), was estimated at 60% (Johnson et al. 1996; Mangin et al. 1999). After exclusion of all known loci, a scan of the entire autosomal genome was performed, allowing us to exclude ~90% of the genome. Positive pairwise LOD scores (Z) were obtained for chromosomes 2, 10, and 13, but the loci were excluded by additional marker genotyping and haplotype reconstruction. The cardiac actin and desmin loci, which mapped on 15q14 and 2q35, respectively, were excluded by both genotyping and SSCP analysis of coding regions (cardiac active gene [J00070, J00071, J00072, and J00073] and desmin gene [M58168]) (Tesson et al. 2000). The lamin A/C gene was also excluded by genotyping and SSCP analysis of the entire coding sequence (L12399, L12400, and L12401). Haplotype reconstruction showed that all affected subjects, as well as all individuals with unknown status, shared a common haplotype on chromosome 6, between markers D6S1627 and D6S1716 (fig. 1). The candidate interval corresponds to a 16.4-cM region localized on chromosome 6q12-16. Using the parameters described earlier in this paragraph, we obtained maximum pairwise LOD scores of 3.53 and 3.52 with markers D6S1644 and D6S1694, respectively, at recombination fraction (θ) = 0.0 (table 2). The pairwise LOD scores for both markers remained significant, at $\theta = 0.0$, when penetrance was estimated at 75% and at 90% (the pairwise LOD score was 3.68 at 75% penetrance and was 3.48 at 90% penetrance for marker D6S1644, and the respective LOD scores were 3.35 and 2.77 for marker D6S1694). Results obtained using the published allele frequencies of the CEPH families (Dib et al. 1996) showed a pairwise LOD score of 3.98 and 3.41 for markers D6S1644 and D6S1694, respectively. When all individuals with unknown status were considered as affected, the pairwise LOD score for both markers reached 6.5 at $\theta = 0.0$, using an estimated penetrance of 60% and equal allele frequencies.

The presence of five clinically unaffected adults (subjects III5, III16, IV22, V7, and V11), who were 28–84 years old and who carried the entire disease haplotype, points out the incomplete penetrance of the disease in this family. Subject IV16 carried the partial disease haplotype yet was asymptomatic and had strictly normal results on cardiovascular examination, ECG, and echocardiography (table 1). These observations are in agreement with those reported by Mangin et al. (1999), which showed an incomplete age-related penetrance in 13 unrelated families. The present family exhibits no significant sex-related penetrance. Individual III16 is known to have transmitted the disease haplotype, because one of his children (IV24) was clinically affected. Furthermore, seven individuals (III12, III13, IV7, IV12, IV20, V3, and V12) classified as having unknown status were also carriers of the disease haplotype, suggesting that the minor abnormalities were a mild form of the disease. The incomplete penetrance of the disease within this family and the heterogeneous expression suggest the involvement of other factors, such as modifying genes and/or environmental factors, in the phenotypic expression. Similar results have been observed in familial hypertrophic cardiomyopathy, which is also characterized by highly incomplete penetrance (Charron et al. 1997; Moolman et al. 2000).

According to the Généthon linkage map, this third locus on chromosome 6q is localized in a centromeric region 22 cM away from the disease locus described by Messina et al. (1997) and 29 cM away from the locus reported by Schönberger et al. (2000). Linkage analysis using markers D6S262 and D6S457, both localized in the telomeric boundary of the intervals described by these authors, allowed us to exclude the present locus (Z at $\theta < -2$) from these distal intervals (fig. 2).

The disease interval on chromosome 6q12-16 reported here contains known genes encoding collagen IX-α-1 polypeptide (*COL9A1* [MIM 120210]), myosin VI (*MYO6* [MIM 600970]), vascular endothelial growth factor (*VEGF* [MIM 192240]), malic enzyme cytoplasmic (*ME1* [MIM 154250]) and several other genes encoding anonymously expressed sequence tags. In addition, the genes encoding cardiac phospholamban (*PLN* [MIM 600133]) and laminin-α4 (*LAMA4* [MIM 600133]), located near the disease interval, could also be considered as candidate genes. We therefore screened for mutation the entire coding sequence and promotor region of *PLN* (Z99496) and *ME1* (NM002395) genes by PCR and SSCP. We did not detect any gene defects that could cause DCM. *LAMA4* gene has been excluded by linkage analysis using the microsatellite marker D6S416 in intron 29 (X91171) (Dib et al. 1996). The screening of the remaining candidate genes within the 6q12-16 region is in progress in our laboratory.

Acknowledgments

These studies would not have been possible without the invaluable assistance of patients and family members. We also thank Jean Weissenbach (Genoscope-Evry), Arnaud Lemainque and Sylvana Pavek (CNG-Evry) for their contribution to genotyping, and Safa Saker and the personnel of Généthon's Bank for DNA extraction and cell lines. We thank Pascale Sebillon for her critical review of the manuscript. This work was made possible by generous grants from the Association Française contre les Myopathies, the Fédération Française de Cardiologie, INSERM, and Jeanne Laroche (private grant).

Electronic-Database Information

Accession numbers and URLs for data in this article are as follows:

GenBank: http://www.ncbi.nlm.nih.gov/Genbank/ (for cardiac actin gene [accession numbers J00070, J00071, J00072, and J00073], desmin gene [accession number M58168], *LMNA* gene [accession numbers L12399, L12400, and L12401], *ME1* gene [accession number NM002395], *PLN* gene [accession number Z99496], and *LAMA4* gene [accession number X91171])

Généthon, http://www.genethon.fr (microsatellite markers and chromosome 6 linkage map)

Online Mendelian Inheritance in Man (OMIM): http://www.ncbi.nlm.nih.gov/Omim/ (for *CMD1A* [MIM 115200], *CMD1B* [MIM 600884], *CMD1C* [MIM 601493], *CMD1D* [MIM 601494], *CMD1E* [MIM 601154], *CMD1F* [MIM 602067], *CMD1G* [MIM 604145], *CMD1H* [MIM 604288], *COL9A1* [MIM 120210], *MYO6* [MIM 600970], *VEGF* [MIM 192240], *PLN* [MIM 600133], *ME1* [MIM 154250], and *LAMA4* [MIM 600133])

References

Bowles KR, Gajarski R, Porter P, Goytia V, Bachinski L, Roberts R, Pignatelli R, Towbin JA (1996) Gene mapping of familial autosomal dominant dilated cardiomyopathy to chromosome 10q21-23. J Clin Invest 98:1355–1360

Brodsky GL, Muntoni F, Miocic S, Sinagra G, Sewry C, Mestroni L (2000) Lamin A/C gene mutation associated with dilated cardiomyopathy with variable skeletal muscle involvement. Circulation 101:473–476

Charron P, Carrier L, Dubourg O, Tesson F, Desnos M, Richard P, Bonne G, Guicheney P, Hainque B, Bouhour JB, Mallet A, Feingold J, Schwartz K, Komajda M (1997) Penetrance of familial hypertrophic cardiomyopathy. Genet Couns 8:107–114

Dib C, Faure S, Fizames C, Samson D, Drouot N, Vignal A, Millasseau P, Marc S, Hazan J, Seboun E, Lathrop M, Gyapay G, Morissette J, Weissenbach J (1996) A comprehensive genetic map of the human genome based on 5,264 microsatellites. Nature 380:152–154

Durand JB, Bachinski LL, Bieling LC, Czernuszewicz GZ, Abchee AB, Yu QT, Tapscott T, Hill R, Ifegwu J, Marian AJ, Brugada R, Daiger S, Gregoritch JM, Anderson JL, Quinones M, Towbin JA, Roberts R (1995) Localization of a gene responsible for familial dilated cardiomyopathy to chromosome 1q32. Circulation 92:3387–3389

Fatkin D, MacRae C, Sasaki T, Wolff MR, Porcu M, Frenneaux M, Atherton J, Vidaillet HJ Jr, Spudich S, De Girolami U, Seidman JG, Seidman CE, Muntoni F, Muehle G, Johnson

W, McDonough B (1999) Missense mutations in the rod domain of the lamin A/C gene as causes of dilated cardiomyopathy and conduction-system disease. N Engl J Med 341:1715–1724

Grünig E, Tasman JA, Kücherer H, Franz W, Kübler W, Katus HA (1998) Frequency and phenotypes of familial dilated cardiomyopathy. J Am Coll Cardiol 31:186–194

Johnson WG, Kugler SL, Stenroos ES, Meulener MC, Rangwalla I, Johnson TW, Mandelbaum DE (1996) Pedigree analysis in families with febrile seizures. Am J Med Genet 61:345–352

Jung M, Poepping I, Perrot A, Ellmer AE, Wienker TF, Dietz R, Reis A, Osterziel KJ (1999) Investigation of a family with autosomal dominant dilated cardiomyopathy defines a novel locus on chromosome 2q14-q22. Am J Hum Genet 65: 1068–1077

Kass S, MacRae C, Graber HL, Sparks EA, McNamara D, Boudoulas H, Basson CT, Baker PB 3d, Cody RJ, Fishman MC, Cox N, Kong A, Wooley CF, Seidman JG, Seidman CE (1994) A gene defect that causes conduction system disease and dilated cardiomyopathy maps to chromosome 1p1-1q1. Nat Genet 7:546–551

Keeling PJ, Gang Y, Smith G, Seo H, Bent SE, Murday V, Caforio AL, McKenna WJ (1995) Familial dilated cardiomyopathy in the United Kingdom. Br Heart J 73:417–421

Krajinovic M, Pinamonti B, Sinagra G, Vatta M, Severini GM, Milasin J, Falaschi A, Giacca M (1995) Linkage of familial dilated cardiomyopathy to chromosome 9. Heart Muscle Disease Study Group. Am J Hum Genet 57:846–852

Li D, Tapscoft T, Gonzalez O, Burch PE, Quinones MA, Zoghbi WA, Hill R, Bachinski LL, Mann DL, Roberts R, (1999) Desmin mutation responsible for idiopathic dilated cardiomyopathy. Circulation 100:461–464

Mangin L, Charron P, Tesson F, Mallet A, Dubourg O, Desnos M, Benaïche A, Gayet C, Gibelin P, Davy JM, Bonnet J, Sidi D, Schwartz K, Komajda M (1999) Familial dilated cardiomyopathy: clinical features in French families. Eur J Heart Failure 1:353–361

Messina DN, Speer MC, Pericak-Vance MA, McNally EM (1997) Linkage of familial dilated cardiomyopathy with conduction defect and muscular dystrophy to chromosome 6q23. Am J Hum Genet 61:909–917

Mestroni L, Maïsch B, McKenna WJ, Schwartz K, Charron P, Rocco C, Tesson F, Richter A, Wilke A, Komajda M (1999*a*) Guidelines for the study of familial dilated cardiomyopathies. Collaborative Research Group of the European Human and Capital Mobility on Familial Dilated Cardiomyopathy. Eur Heart J 20:93–102

Mestroni L, Rocco C, Gregori D, Sinagra G, Di Lenarda A, Miocic S, Vatta M, Pinamonti B, Muntoni F, Caforio AL, McKenna WJ, Falaschi A, Giacca M, Camerini F (1999*b*) Familial dilated cardiomyopathy: evidence for genetic and phenotypic heterogeneity. J Am Coll Cardiol 34:181–190

Moolman JA, Reith S, Uhl K, Bailey S, Gautel M, Jeschke B, Fischer C, Ochs J, McKenna WJ, Klues H, Vosberg HP (2000) A newly created splice donor site in exon 25 of the MyBP-C gene is responsible for inherited hypertrophic cardiomyopathy with incomplete disease penetrance. Circulation 101:1396–1402

Olson TM, Keating MT (1996) Mapping a cardiomyopathy locus to chromosome 3p22-p25. J Clin Invest 97:528–532

Olson TM, Michels VV, Thibodeau SN, Tai YS, Keating MT (1998) Actin mutations in dilated cardiomyopathy, a heritable form of heart failure. Science 280:750–752

Schönberger J, Levy H, Grünig E, Sangwatanaroj S, Fatkin D, MacRae C, Stäcker H, Halpin C, Eavey R, Philbin EF, Katus H, Seidman JG, Seidman CE (2000) Dilated cardiomyopathy and sensorineural hearing loss: a heritable syndrome that maps to 6q23-24. Circulation 101:1812–1818

Siu BL, Niimura H, Osborne JA, Fatkin D, MacRae C, Solomon S, Benson DW, Seidman JG, Seidman CE (1999) Familial dilated cardiomyopathy locus maps to chromosome 2q31. Circulation 99:1022–1026

Tesson F, Sylvius N, Pilotto A, Duboscq Bidot L, Peuchmaurd M, Bouchier C, Bénaïche A, Mangin L, Charron P, Gavazzi A, Tavazzi L, Arbustini E, Komajda M (2000) Epidemiology of desmin and cardiac actin gene mutations in a European population of dilated cardiomyopathy. Eur Heart J 21: 1872–1876

Tsubata S, Bowles KR, Vatta M, Zintz C, Titus J, Muhonen L, Bowles NE, Towbin JA (2000) Mutations in the human δ-sarcoglycan gene in familial and sporadic dilated cardiomyopathy. J Clin Invest 106:655–662

American Journal of Medical Genetics 120A:8–12 (2003)

Mutational Analysis of the β- and δ-Sarcoglycan Genes in a Large Number of Patients With Familial and Sporadic Dilated Cardiomyopathy

Nicolas Sylvius,[1,2] Laetitia Duboscq-Bidot,[1,2] Christiane Bouchier,[1,2] Philippe Charron,[1,2,3] Abdelaziz Benaiche,[1,2] Pascale Sébillon,[1,2] Michel Komajda,[1,2,3] and Eric Villard[1,2]*

[1]*Laboratoire de Génétique et Insuffisance Cardiaque, Association Claude Bernard / Université Paris VI, Groupe hospitalier Pitié-Salpêtrière, Paris, France*
[2]*IFR 14 Coeur, Muscles et Vaisseaux, Paris, France*
[3]*Département de Cardiologie, Groupe hospitalier Pitié-Salpêtrière, Paris, France*

Dilated cardiomyopathy (DCM) is defined by ventricular dilatation associated with impaired contractile function. Approximately one-third of idiopathic dilated cardiomyopathy cases are due to inherited gene mutations. Mutations in the β- and δ-sarcoglycan genes have been described in limb girdle muscular dystrophy and/or isolated DCM. In this study, the aim was to investigate the prevalence of these genes in isolated DCM. We screened these two genes for mutations in 99 unrelated patients with sporadic or familial DCM. The coding exon and intron-exon boundaries of each gene were amplified by polymerase chain reaction. Mutation analyses were performed by single-strand conformation polymorphism for the β-sarcoglycan gene and by direct sequencing for the δ-sarcoglycan gene. New polymorphisms, as well as already described ones, were found in these two genes, but none appeared to be responsible for dilated cardiomyopathy. We, therefore, conclude that these genes are not responsible for idiopathic isolated dilated cardiomyopathy in our population. Furthermore, based on previously published and present data, we could estimate the prevalence of δ-sarcoglycan gene mutations to be less than 1% in idiopathic dilated cardiomyopathy, demonstrating that this gene is only marginally implicated in the disease.

KEY WORDS: dilated cardiomyopathy; δ-sarcoglycan; β-sarcoglycan; candidate gene; genetics

INTRODUCTION

Dilated cardiomyopathy (DCM) is a heart muscle disease characterized by left ventricular dilatation and impaired systolic function. In the United States, the prevalence of the disease is 36.5 per 100,000 [Codd et al., 1989] and mortality is estimated to be 30% to 50%, 5 years after onset of symptoms [Dec and Fuster, 1994]. The disease is a major cause of heart failure and sudden death and represents the first indication for heart transplantation. DCM may be isolated or associated with additional conduction and/or muscular disorders. Most patients present with sporadic DCM. However, a familial transmission is observed in around 30% of the cases [Michels et al., 1992; Keeling et al., 1995; Grunig et al., 1998]. Autosomal recessive, mithochondrial, and X-linked DCM have been described [Zachara et al., 1993; Beggs, 1997; Towbin, 1998] but familial DCM is mainly transmitted as an autosomal dominant disease [Mestroni et al., 1999a]. In isolated autosomal dominant DCM, null and missense mutations were identified in eight different genes. Thus, mutations in the α-cardiac actin (*ACTC*), the desmin (*DES*), the δ-sarcoglycan (*SGCD*), and the metavinculin (*VCL*) genes are supposed to impair the force transmission from the sarcomere to adjacent sarcomeres and to the extracellular matrix [Olson et al., 1998; Li et al., 1999; Tsubata et al., 2000; Olson et al., 2002], whereas mutations in the titin (*TTN*), troponin T (*TNNT2*), β-myosin heavy

Grant sponsor: Leducq Foundation; Grant sponsor: Fondation pour la Recherche Médicale (FRM); Grant sponsor: Fédération Française de Cardiologie (FFC); Grant sponsor: Association Française contre les Myopathies (AFM).

Christiane Bouchier's present address is Institut Pasteur, Genopole, 25-28 rue du Dr. Roux, 75724 Paris cedex 15, France.

*Correspondence to: Dr. Eric Villard, Laboratoire de Génétique et Insuffisance Cardiaque, Association Claude Bernard/Université Paris VI, Groupe hospitalier Pitié-Salpêtrière, 47 bd de l'Hôpital, 75651 Paris cedex 13, France.
E-mail: villard@chups.jussieu.fr

Received 20 July 2002; Accepted 15 November 2002
DOI 10.1002/ajmg.a.20003

chain (*MYH7*), and α-tropomyosin 1 (*TPM1*) genes, are thought to alter the force production generated by the sarcomere [Kamisago et al., 2000; Olson et al., 2001; Gerull et al., 2002; Itoh-Satoh et al., 2002]. In non-isolated DCM, Lamin A/C (*LMNA*) gene mutations have been shown responsible for DCM associated with conduction system disease and/or muscular disorders [Fatkin et al., 1999; Brodsky et al., 2000; Arbustini et al., 2002]. Some of these genes were previously mapped by a positional cloning strategy in large families [Fatkin et al., 1999; Kamisago et al., 2000; Itoh-Satoh et al., 2002]. However, in a genetically heterogeneous disease such as DCM, linkage analysis may be of limited value mainly because of the high mortality associated with the disease and the incomplete penetrance of disease mutations. Consequently, one of the key strategies to identify morbid genes is the screening for mutations in candidate genes in large cohorts of DCM patients. The main difficulty with this approach is to know if a given molecular variant is a neutral polymorphism or a disease causing mutation. To assess a causal effect for a DNA variant, one should verify that (1) the variant is only present in affected subjects and absent from a large number of ethnically matched controls, (2) the gene has been found mutated in at least two independent affected subject, preferably familial cases, (3) the variant has a significant predicted quantitative or qualitative effect on the encoded protein.

The β-sarcoglycan (*SGCB*) and δ-sarcoglycan (*SGCD*) genes are strong candidates for a morbid role in DCM for several reasons. These genes are highly expressed in cardiac and skeletal muscle. They encode proteins involved in the cytoarchitecture of the cardiac cell as they are components of the dystrophin associated sarcoglycan complex that forms a structural link between the F-actin cytoskeleton and the extracellular matrix. Moreover, the *SGCB* and *SGCD* genes have been implicated in limb girdle muscular dystrophy (LGMD2E and LGMD2F, respectively) and both disorders have been found associated with DCM [Nigro et al., 1996a; Moreira et al., 1998; Barresi et al., 2000]. An animal model of DCM, the Syrian hamsters Bio TO-2 strain, presents an invalidating intragenic deletion of the gene. Finally, mutations in the *SGCD* gene, but not in the *SGCB* gene, have been reported by Tsubata et al. [2000] in isolated DCM but only in one familial and two sporadic cases.

In the present study, we screened the *SGCB* and *SGCD* coding sequences for mutations in a large population of familial and sporadic DCM cases in order to better define their potential roles and their prevalence in the disease.

MATERIALS AND METHODS

Clinical Evaluation

After clinical evaluation, including electrocardiogram (ECG), echocardiography, and coronary artery angiogram, the diagnosis of isolated DCM was established in index-cases as previously described [Mangin et al., 1999; Mestroni et al., 1999b; Sylvius et al., 2001]. Clinical muscular testing was also performed and the plasma level of creatine-phospho-kinase examined. Patients were classified as familial cases when at least two first-degree relatives presented a documented idiopathic DCM. Written informed consent for all patients was obtained in accordance with the requirements of the Pitié-Salpêtrière Hospital (Paris, France) ethics committee.

Mutation Analysis

Blood samples from each individual was collected and DNA was extracted from white blood cells using a standard method at the Généthon Bank (Evry, France). Genomic sequences of the *SGCB* and *SGCD* genes (accession numbers: Y09781 and NT_006788, respectively) were retrieved from a public computer database (http://www.ncbi.nlm.nih.gov/). Primers were designed to amplify all coding exons and exon-intron junctions of both genes (Table I). PCR was carried out in 15 μl with 32 ng genomic DNA, 2 mM $MgCl_2$, 133 μM dATP, dTTP, dGTP, dCTP, 0.6 μM each primer, 1.5 μl Taq Eurobio Buffer 10 × (670 mM Tris HCl pH 8.8; 160 mM $(NH_4)_2SO_4$; 0.1% Tween 20) and 0.5 U Taq DNA polymerase (Eurobio, Les Ulis, France). The amplification protocol was as follows: an initial denaturation step (95°C, 3 min), a specific amplification step for each primer pair described in Table I and a final elongation step (72°C, 10 min).

Each amplified DNA fragment from the *SGCB* gene was analyzed by single strand conformation polymorphism (SSCP) in the following condition: after a 5 min denaturation step (95°C), 1 μl of each PCR product was loaded on a 10% (w/v) non-denaturing acrylamide/bisacrylamide (37.5/1) gels, and subjected to 8 mA per gel at both 10 and 20°C. Single-stranded DNA was visualized by silver staining according to manufacturer instructions (Plus One DNA Silver Staining kit, Amersham Bioscience, Orsay, France). When an abnormal profile was observed, the PCR product was sequenced on an ABI Prism 3100 Genetic Analyzer (Applied Biosystems, Courtabeauf, France) with PCR primers as sequencing primers and using the Big Dye Terminator sequencing reaction kit (Big Dye version 2; Applied Biosystems).

PCR amplified *SGCD* exons were analyzed by direct sequencing using the same sequencing method as the one described above. DNA sequencing was performed in both directions, initiated from the forward and reverse PCR primers. Before sequencing, PCR products were purified using Bio-Gel P-100 gel (Bio-Rad, Marnes La Coquette, France) on MAHV N45 plates (Millipore, St. Quentin, France). Sequencing reactions were purified using Sephadex G 50 gel filtration (Amersham Bioscience) on similar MAHV N45 plates.

Previously identified molecular variant allele frequency was estimated on the 99 independent cases screened in the study (familial and sporadic cases). Genotype was determined based on SSCP profiles for *SGCB* polymorphisms and on sequence analysis for *SGCD* polymorphisms. For the two newly identified *SGCD* intronic polymorphisms, allelic frequencies were estimated by the PCR-RFLP genotyping method on

TABLE I. Primers Sequences and Conditions for PCR Amplification of the β-Sarcoglycan (*SGCB*) and δ-Sarcoglycan (*SGCD*) Genes

Genes	Exons	Primer pairs	Size (bp)	Amplification step
SGCB	1	5′-tggggaggggagggtgtgagcag-3′; 5′-cctcccccgctcatccag-3′	208	72°C–>50°C (−1°C/cycle, 1 min); +12 cycles 50°C, 1 min
	2	5′-tagataaatgcacccaaacgag-3′; 5′-ttccccatggcaattaaaatgag-3′	313	72°C–>50°C (−1°C/cycle, 1 min); +12 cycles 50°C, 1 min
	3	5′-tggtgataatattttctacttgttttcc-3′; 5′-gcccctctcctgtttgcatttctttc-3′	312	35 cycles, 50°C, 1 min
	4	5′-attgttcaggaattttgtttgcagtcttc-3′; 5′-attctctcccattagtaaaacaaagcc-3′	298	72°C–>50°C (−1°C/cycle, 1 min); +12 cycles 50°C, 1 min
	5	5′-gcttctatttctctatctctgataac-3′; 5′-ccaagaacctaataattctcttaagctc-3′	256	35 cycles, 55°C, 1 min
	6	5′-agttttgtttactgactttgttctg-3′; 5′-agtcaagatataaacatgttggtgacc-3′	315	35 cycles, 55°C, 1 min
SGCD	2	5′-cctgccttctggaagtaatc-3′; 5′-aaaatgaccatgagcagggc-3′	229	65°C–>55°C (−2°C/2 cycles, 1 min); +30 cycles 55°C, 1 min
	3	5′-tgcttctctcttgcctcgtt-3′; 5′-gctaaacaaacctagatggt-3′	243	70°C–>60°C (−1°C/2 cycles, 1 min); +30 cycles 60°C, 1 min
	4	5′-ttacagcctgaggtgttttg-3′; 5′-gcaacaataatgcctccttc-3′	208	70°C–>60°C (−1°C/2 cycles, 1 min); +30 cycles 60°C, 1 min
	5	5′-cccccttggagagttgtaatg-3′; 5′-tattctgagtgcctcgcatg-3′	218	65°C–>55°C (−1°C/2 cycles, 1 min); +30 cycles 55°C, 1 min
	6	5′-gatgagactaatggtgtttt-3′; 5′-aaaatgtacacatgagcatc-3′	244	65°C–>55°C (−2°C/2 cycles, 1 min); +30 cycles 55°C, 1 min
	7	5′-caggtgactccagtatctcc-3′; 5′-tggccagttgcacagagcaa-3′	188	65°C–>55°C (−2°C/2 cycles, 1 min); +30 cycles 55°C, 1 min
	8	5′-aaaagggatctttattgacg-3′; 5′-tgtagctctttgaattctgt-3′	196	60°C–>50°C (−2°C/2 cycles, 1 min); +30 cycles 50°C, 1 min
	9a	5′-ctgaccaatgctttccttcc-3′; 5′-atgctgccaacaatgtccac-3′	239	60°C–>50°C (−2°C/2 cycles, 1 min); +30 cycles 50°C, 1 min
	9b	5′-aagctggcaatatggaagcc-3′; 5′-ggctcctttgttgatacac-3′	173	60°C–>50°C (−2°C/2 cycles, 1 min); +30 cycles 50°C, 1 min

180 control individuals DNA from Caucasian origin and with no documented cardiovascular disorders.

RESULTS

Clinical Evaluation

We screened 109 unrelated index-cases with DCM. Among them, six were excluded from the present analysis because of clinical muscular dystrophy and four because of X-linked inheritance. We, therefore, have investigated 99 unrelated index cases, including 52 familial and 47 sporadic cases recruited in France and mainly from European origin (Table II). Nearly all patients had isolated DCM. However, four of them presented a familial form of DCM associated with conduction defect and four other ones, an increase of serum creatine-phospho-kinase level. Among 52 familial cases, inheritance was autosomal dominant in 62% of cases, probably autosomal dominant in 20%, possibly autosomal recessive in 20%. There was no family with mitochondrial inheritance.

TABLE II. Clinical Data About Index-Cases With Dilated Cardiomyopathy

	Familial cases	Sporadic cases
N	52	47
Age at inquest (years)	45 ± 18	49 ± 15
Sex ratio (M/F)	41/21	32/15
Phenotype		
LV EDD (mm)	66 ± 13	63 ± 11
LV EF (%)	31 ± 10	33 ± 9
DCM and CD	4 (8%)	0
DCM and CPK	3 (6%)	1 (2%)
Ethnic origin		
European	47	41
Other	Turkish (3), Maghreb (1), African (1)	Maghreb (3), Asia (1), India (1), Carabean (1)

LV, left ventricle; EDD, end diastolic diameter; EF, ejection fraction; CD, conduction defect; CPK, elevated serum creatine phospho-kinase level.

Mutational Analysis

The SSCP patterns for the 6 exons of the *SGCB* gene were similar in all patients, except for exon 3. A frequent exonic polymorphism located in intron 2, 20 bp upstream of exon 3, was identified in patients. This polymorphism is a T/C transition already identified in previous studies (dbSNP: rs225170). Based on SSCP profiles, the frequency of this polymorphism in the studied population is 0.45 (T allele) and 0.55 (C allele).

Direct sequencing of exons 2 to 9 (9m and 9p) encoding *SGCD* led to the identification of 2 intronic and 2 exonic polymorphisms (Fig. 1). Exonic polymorphisms, numbered from the mRNA sequence (AC number: NM_000337), are T84C in exon 3, a silent transition (Y28Y), and G290A, leading to replacement of an arginine by a glutamine at position 97 of the protein (R97Q). These two variants (dbSNP: ss2421425 and rs1801194, respectively) have been previously described as polymorphisms [Nigro et al., 1996b]. Their allelic frequencies in our studied population are 0.51 (T allele) and 0.49 (C allele) for T84C, and 0.94 (G allele) and 0.6 (A allele) for G290A. The two intronic polymorphisms are located in intron 1, 45 bp before the intron-exon 2 junction and

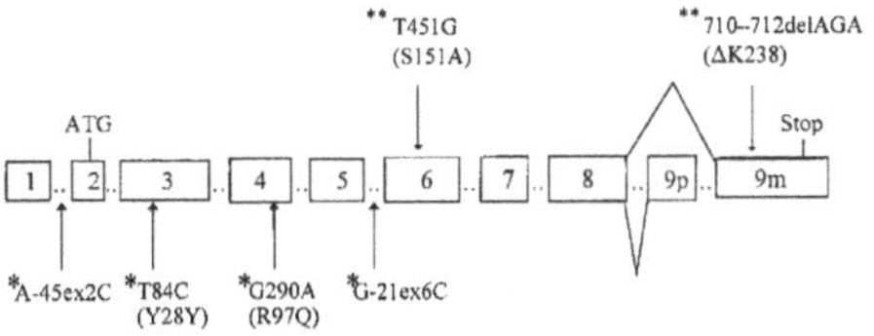

Fig. 1. Schematic representation of the exon (open boxes) and intron (dashed lines) structure of the δ-sarcoglycan gene with location of the previously reported dilated cardiomyopathy (DCM) causing mutations (**) and the polymorphisms detected in the present study (*).

in intron 5, 21 bp from the intron-exon 6 junction (A-45ex2C and G-21ex6C, respectively). These two variants allelic frequencies are below 0.2% as they were not found in 180 control individuals. They are rare molecular variants as detected only once in two different sporadic cases, and hitherto undescribed. Mutations T451G (S151A) in exon 6 and 710–712delAGA (ΔK238) in exon 9p, previously reported by Tsubata et al. [2000] in 3 DCM cases were not detected in our population, neither was any mutation in the complete screened sequence of the two genes.

DISCUSSION

We have investigated the potential implication of the *SGCB* and *SGCD* genes in familial and sporadic form of DCM in a large panel of patients of European origin. These two candidate genes were chosen based on their muscular restricted expression profile, their role as a molecular link between extracellular matrix and sarcolemal cytoskeletal proteins in the myocytes and mutational data linking mutations in these genes with genetically inherited muscular disorders such as DCM and/or myopathy.

We failed to identify any potentially morbid mutation in the *SGCB* gene. The only molecular variant identified (dbSNP: rs225170) was reported previously to be a frequent polymorphism. In our sample, the allele frequency was 0.45/055 (T allele/C allele) and somewhat different to the 0.66/0.33 (T allele/C allele) frequency reported in the dbSNP database (http://www.ncbi.nlm.nih.gov/SNP/; build 5: 14th June 2002). However, as SSCP is known to detect only 70–80% of sequence variations, we cannot exclude that a morbid mutation was left undetected.

In the *SGCD* gene, four molecular variants were identified. Two of them are common polymorphisms previously identified in population screening for mutation in muscular disorders [Nigro et al., 1996b]. The reported frequency for polymorphism G290A was in accordance with our results. However, the C and T allele of the C84T polymorphism does not have the same frequencies in our population (0.49/0.51 for the C and T alleles, respectively) compared to the population investigated by Nigro et al. [1996b] (0.2/0.8 for the C and T alleles, respectively).

Even if one of these polymorphisms leads to a non-conservative change in the primary structure of the gene (R97Q in the *SGCD* gene), it is very unlikely that all these polymorphisms could be of functional relevance in DCM as they were found in two populations presenting different disease phenotypes, that is, DCM (this study) and LGMD [Nigro et al., 1996a]. However, the difference in allele frequencies observed for polymorphisms rs225170 (*SGCB*) and C84T (*SGCD*) in our DCM population compared to patients with LGMD could be suggestive of a genetic association of these polymorphisms with DCM, leading to the hypothesis of an implication of *SGCB* or *SGCD* as susceptibility genes. Such a hypothesis would have to be tested by association studies.

The two other molecular variants (A-45ex2C and G-21ex6C) were identified in two sporadic cases. They are located in intronic sequences close to the intron-exon boundaries. However, they were not found in the other studied patients, nor in 180 healthy controls (frequency of each rare allele <0.2%). The most probable hypothesis is to consider these two variant as rare SNPs. However, an increasing number of variants are known to affect intronic sequences and lead to disease by affecting pre-mRNA splicing or stability [Mendell and Dietz, 2001]. Such a hypothesis would have to be tested before a complete exclusion of these two variants as responsible for DCM.

Considering the 99 subjects investigated in the present study and the 50 individuals investigated by Tsubata et al. [2000], we could estimate the prevalence of *SGCD* gene mutations responsible for DCM at less than 1.5%. This underlines the fact that the *SGCD* gene is only marginally implicated in the disease. This is in accordance with previous results obtained by mutation screening of other candidate genes such as *DES*, *ACTC* or *TNNT*, *MYH7*, and *TPM1*, which are also rarely mutated in DCM as none were over a 10% mutation frequency [Mayosi et al., 1999; Takai et al., 1999; Kamisago et al., 2000; Tesson et al., 2000; Olson et al., 2001]. To date, the most frequently implicated gene in DCM appears to be the *LMNA* gene, since 10 different mutations responsible for DCM associated with conduction and/or muscular disorder have been reported [Fatkin et al., 1999; Brodsky et al., 2000; Arbustini et al., 2002]. However, these clinically non-isolated forms of DCM represent only 10% of all familial DCM [Mestroni et al., 1999a]. As no major gene or locus have been identified in DCM and given the fact that morbid mutation identification concerns only a minor percentage of familial cases of DCM, it may be speculated that a large number of morbid genes remains to be identified.

ACKNOWLEDGMENTS

The authors express their gratitude to the invaluable assistance of patients and relatives. This work was made possible by generous grants from the Leducq Foundation, the Fondation pour la Recherche Médicale (FRM), the Fédération Française de Cardiologie (FFC), and the Association Française contre les Myopathies (AFM).

REFERENCES

Arbustini E, Pilotto A, Repetto A, Grasso M, Negri A, Diegoli M, Campana C, Scelsi L, Baldini E, Gavazzi A, Tavazzi L. 2002. Autosomal dominant dilated cardiomyopathy with atrioventricular block: A lamin A/C defect-related disease. J Am Coll Cardiol 39:981–990.

Barresi R, Di Blasi C, Negri T, Brugnoni R, Vitali A, Felisari G, Salandi A, Daniel S, Cornelio F, Morandi L, Mora M. 2000. Disruption of heart sarcoglycan complex and severe cardiomyopathy caused by beta sarcoglycan mutations. J Med Genet 37:102–107.

Beggs AH. 1997. Dystrophinopathy, the expanding phenotype. Dystrophin abnormalities in X-linked dilated cardiomyopathy. Circulation 95:2344–2347.

Brodsky GL, Muntoni F, Miocic S, Sinagra G, Sewry C, Mestroni L. 2000. Lamin A/C gene mutation associated with dilated cardiomyopathy with variable skeletal muscle involvement. Circulation 101:473–476.

Codd MB, Sugrue DD, Gersh BJ, Melton LJI. 1989. Epidemiology of idiopathic dilated and hypertrophic cardiomyopathy. A population-based study in Olmsted County, Minnesota, 1975–1984. Circulation 80:564–572.

Dec GW, Fuster V. 1994. Idiopathic dilated cardiomyopathy. N Engl J Med 331:1564–1575.

Fatkin D, MacRae C, Sasaki T, Wolff MR, Porcu M, Frenneaux M, Atherton J, Vidaillet HJ Jr, Spudich S, De Girolami U, Seidman JG, Seidman C, Muntoni F, Muehle G, Johnson W, McDonough B. 1999. Missense mutations in the rod domain of the lamin A/C gene as causes of dilated cardiomyopathy and conduction-system disease. N Engl J Med 341: 1715–1724.

Gerull B, Gramlich M, Atherton J, McNabb M, Trombitas K, Sasse-Klaassen S, Seidman JG, Seidman C, Granzier H, Labeit S, Frenneaux M, Thierfelder L. 2002. Mutations of TTN, encoding the giant muscle filament titin, cause familial dilated cardiomyopathy. Nat Genet 30:201–204.

Grunig E, Tasman JA, Kucherer H, Franz W, Kubler W, Katus HA. 1998. Frequency and phenotypes of familial dilated cardiomyopathy. J Am Coll Cardiol 31:186–194.

Itoh-Satoh M, Hayashi T, Nishi H, Koga Y, Arimura T, Koyanagi T, Takahashi M, Hohda S, Ueda K, Nouchi T, Hiroe M, Marumo F, Imaizumi T, Yasunami M, Kimura A. 2002. Titin mutations as the molecular basis for dilated cardiomyopathy. Biochem Biophys Res Commun 291:385–393.

Kamisago M, Sharma SD, DePalma SR, Solomon S, Sharma P, McDonough B, Smoot L, Mullen MP, Woolf PK, Wigle ED, Seidman JG, Seidman CE. 2000. Mutations in sarcomere protein genes as a cause of dilated cardiomyopathy. N Engl J Med 343:1688–1696.

Keeling PJ, Gang Y, Smith G, Seo H, Bent SE, Murday V, Caforio AL, McKenna WJ. 1995. Familial dilated cardiomyopathy in the United Kingdom. Br Heart J 73:417–421.

Li D, Tapscoft T, Gonzalez O, Burch PE, Quinones MA, Zoghbi WA, Hill R, Bachinski LL, Mann DL, Roberts R. 1999. Desmin mutation responsible for idiopathic dilated cardiomyopathy. Circulation 100:461–464.

Mangin L, Charron P, Tesson F, Mallet A, Dubourg O, Desnos M, Benaiche A, Gayet C, Gibelin P, Davy JM, Bonnet J, Sidi D, Schwartz K, Komajda M. 1999. Familial dilated cardiomyopathy: Clinical features in French families. Eur J Heart Fail 1:353–361.

Mayosi BM, Khogali S, Zhang B, Watkins H. 1999. Cardiac and skeletal actin gene mutations are not a common cause of dilated cardiomyopathy. J Med Genet 36:796–797.

Mendell JT, Dietz HC. 2001. When the message goes awry: Disease-producing mutations that influence mRNA content and performance. Cell 107:411–414.

Mestroni L, Rocco C, Gregori D, Sinagra G, Di Lenarda A, Miocic S, Vatta M, Pinamonti B, Muntoni F, Caforio AL, McKenna WJ, Falaschi A, Giacca M, Camerini F. 1999a. Familial dilated cardiomyopathy: Evidence for genetic and phenotypic heterogeneity. Heart Muscle Disease Study Group. J Am Coll Cardiol 34:181–190.

Mestroni L, Maisch B, McKenna WJ, Schwartz K, Charron P, Rocco C, Tesson F, Richter A, Wilke A, Komajda M. 1999b. Guidelines for the study of familial dilated cardiomyopathies. Collaborative Research Group of the European Human and Capital Mobility Project on Familial Dilated Cardiomyopathy. Eur Heart J 20:93–102.

Michels VV, Moll PP, Miller FA, Tajik AJ, Chu JS, Driscoll DJ, Burnett JC, Rodeheffer RJ, Chesebro JH, Tazelaar HD. 1992. The frequency of familial dilated cardiomyopathy in a series of patients with idiopathic dilated cardiomyopathy. N Engl J Med 326:77–82.

Moreira ES, Vainzof M, Marie SK, Nigro V, Zatz M, Passos-Bueno MR. 1998. A first missense mutation in the delta sarcoglycan gene associated with a severe phenotype and frequency of limb-girdle muscular dystrophy type 2F (LGMD2F) in Brazilian sarcoglycanopathies. J Med Genet 35:951–953.

Nigro V, de Sa Moreira E, Piluso G, Vainzof M, Belsito A, Politano L, Puca AA, Passos-Bueno MR, Zatz M. 1996a. Autosomal recessive limb-girdle muscular dystrophy, LGMD2F, is caused by a mutation in the delta-sarcoglycan gene. Nat Genet 14:195–198.

Nigro V, Piluso G, Belsito A, Politano L, Puca AA, Papparella S, Rossi E, Viglietto G, Esposito MG, Abbondanza C, Medici N, Molinari AM, Nigro G, Puca GA. 1996b. Identification of a novel sarcoglycan gene at 5q33 encoding a sarcolemmal 35 kDa glycoprotein. Hum Mol Genet 5:1179–1186.

Olson TM, Michels VV, Thibodeau SN, Tai YS, Keating MT. 1998. Actin mutations in dilated cardiomyopathy, a heritable form of heart failure. Science 280:750–752.

Olson TM, Kishimoto NY, Whitby FG, Michels VV. 2001. Mutations that alter the surface charge of alpha-tropomyosin are associated with dilated cardiomyopathy. J Mol Cell Cardiol 33:723–732.

Olson TM, Illenberger S, Kishimoto NY, Huttelmaier S, Keating MT, Jockusch BM. 2002. Metavinculin mutations alter actin interaction in dilated cardiomyopathy. Circulation 105:431–437.

Sylvius N, Tesson F, Gayet C, Charron P, Benaiche A, Peuchmaurd M, Duboscq-Bidot L, Feingold J, Beckmann JS, Bouchier C, Komajda M. 2001. A new locus for autosomal dominant dilated cardiomyopathy identified on chromosome 6q12-q16. Am J Hum Genet 68:241–246.

Takai E, Akita H, Shiga N, Kanazawa K, Yamada S, Terashima M, Matsuda Y, Iwai C, Kawai K, Yokota Y, Yokoyama M. 1999. Mutational analysis of the cardiac actin gene in familial and sporadic dilated cardiomyopathy. Am J Med Genet 86:325–327.

Tesson F, Sylvius N, Pilotto A, Dubosq-Bidot L, Peuchmaurd M, Bouchier C, Benaiche A, Mangin L, Charron P, Gavazzi A, Tavazzi L, Arbustini E, Komajda M. 2000. Epidemiology of desmin and cardiac actin gene mutations in a European population of dilated cardiomyopathy. Eur Heart J 21:1872–1876.

Towbin JA. 1998. The role of cytoskeletal proteins in cardiomyopathies. Curr Opin Cell Biol 10:131–139.

Tsubata S, Bowles KR, Vatta M, Zintz C, Titus J, Muhonen L, Bowles NE, Towbin JA. 2000. Mutations in the human delta-sarcoglycan gene in familial and sporadic dilated cardiomyopathy. J Clin Invest 106:655–662.

Zachara E, Caforio AL, Carboni GP, Pellegrini A, Pompili A, Del Porto G, Sciarra A, Bosman C, Boldrini R, Prati PL. 1993. Familial aggregation of idiopathic dilated cardiomyopathy: Clinical features and pedigree analysis in 14 families. Br Heart J 69:129–135.

www.ingramcontent.com/pod-product-compliance
Lightning Source LLC
Chambersburg PA
CBHW021052210326
41598CB00016B/1183
9783838172460